国家古籍整理出版专项经费资助项目

中国历代园艺典籍整理丛书

花里活

〔明〕陈诗教　编著

石润宏　译注

長江出版傳媒
湖北科学技术出版社

图书在版编目（CIP）数据

花里活 /（明）陈诗教编著；石润宏译注 . — 武汉：湖北科学技术出版社，2022.1

（中国历代园艺典籍整理丛书 / 程杰，化振红主编）

ISBN 978-7-5706-1736-4

Ⅰ . ①花… Ⅱ . ①陈… ②石… Ⅲ . ①花卉－观赏园艺－中国－明代 Ⅳ . ① S68

中国版本图书馆 CIP 数据核字 (2021) 第 234898 号

花里活

HUALIHUO

责任编辑：许　可

封面设计：胡　博

督　　印：刘春尧

出版发行：湖北科学技术出版社

地　　址：武汉市雄楚大街 268 号湖北出版文化城 B 座 13—14 层

电　　话：027-87679468　　　　邮　　编：430070

网　　址：http://www.hbstp.com.cn

印　　刷：武汉市金港彩印有限公司　　　　邮　　编：430023

开　　本：889mm×1194mm　1/32　　　　印　　张：10.75

版　　次：2022 年 1 月第 1 版

印　　次：2022 年 1 月第 1 次印刷

字　　数：200 千字

定　　价：88.00 元

总序

〔清〕余　穉

花有广义和狭义之分。广义的花即花卉，统指所有观赏植物，而狭义的花主要是指其中的观花植物，尤其是作为观赏核心的花朵。古人云：“花者，华也，气之精华也。”花是大自然的精华，是植物进化到最高阶段的产物，是生物界的精灵。所谓花朵，主要是被子植物的生殖器官，是植物与动物对话的媒介。花以鲜艳的色彩、浓郁的馨香和精致的结构绽放在植物世界葱茏无边的绿色中，刺激着昆虫、鸟类等动物的欲望，也吸引着人类的目光和嗅觉。

人类对于花有着本能的喜爱，在世界所有民族的文化中，花总是美丽、青春和事物精华的象征。现代研究表明，花能激发人们积极的情感，是人类生活中十分重要的伙伴。围绕着花，各种文化都发展起来，人们培植、观赏、吟咏、歌唱、图绘、雕刻花卉，歌颂其美好的形象，寄托深厚的情愫，装点日常的生活，衍生出五彩缤纷的物质与精神文化。

我国是东亚温带大国，花卉资源极为丰富；我国又是文明古国，历史十分悠久。传统文化追求“天人合一”，尤其尊重自然。“望杏敦耕，瞻蒲劝穑”，“花心柳眼知时节”，“好将花木占农候”，这些都是我国农耕社会古老的传统。“花开即佳节”，“看花醉眼不须扶，花下长歌击唾壶”，总是人生常有的赏心乐事。花田、花栏、花坛、花园、花市等花景、花事应运而生，展现出无比美好的生活风光。而如“人心爱春见花喜”“花迎喜气皆知笑”，花总是生活幸福美满的绝妙象征。梅开五福、红杏呈祥、牡丹富贵、莲花多子、菊花延寿等吉祥寓意不断萌发、积淀，传载着人们美好的生活理想，逐步形成我们民族系统而独特的装饰风习和花语符号。至于广大文人雅士更是积极系心寄情，吟怀寓性。正如清人张璨《戏题》诗所说，“书画琴棋诗酒花，当年件件不离它”。花与诗歌、琴棋、书画一样成了士大夫精神生活不可或缺的内容，甚而引花为友，尊花为师，以花表德，借花标格，形成深厚有力的传统，产生难以计数的文艺作品与学术成果，体现了优雅高妙的生活情趣和精神风范。正是我国社会各阶层的热情投入，使得我国花卉文化不断发展积累，形成氤氲繁盛的历史景象，展现出鲜明生动的民族特色，蕴蓄起博大精深的文化遗产。

在精彩纷呈的传统花卉文化中，花卉园艺专题文献无疑最值得关注。根据王毓瑚《中国农学书录》、王达《中国明清时期农书总目》统计，历代花卉园艺专题文献多达三百余种，其中不少作品流传甚广。如综类通述的有《花九锡》《花经》《花历》《花佣月令》等，专述一种的有《兰谱》《菊谱》《梅谱》《牡丹谱》等，专录一地的有《洛阳花木记》《扬州芍药谱》《亳州牡丹志》等，专录私家一园的有《魏王花木志》《平泉山居草木记》《倦圃莳植记》等。从具体内容看，既有《汝南圃史》《花镜》之类重在讲述艺植过程的传统农书，又有《全芳备祖》《花史左编》《广群芳谱》之类辑录相关艺文掌故辞藻的资料汇编，也有《瓶史》《瓶花谱》等反映供养观赏经验的专题著述。此外，还有大量农书、生活百科类书所设花卉园艺、造作、观赏之类专门内容，如明人王象晋《群芳谱》“花谱”、高濂《遵生八笺》“四时花纪”“花竹五谱”、清人李渔《闲情偶寄》“种植部”等。以上种种，构成了我国花卉园艺文献的丰富宝藏，蕴含着极为渊博的理论知识和专业经验。

湖北科学技术出版社拟对我国历代花卉园艺文献资料进行全面的汇集整理，并择取一些重要典籍进行注解诠释、推介普及。本丛书可谓开山辟路之举，主要收集古代花卉专题文献中篇幅相对短小、内容较为实用的十多种文献，分编成册。按成书时间先后排列，主要有以下这些。

1.《花九锡·花九品·花中三十客》，唐人罗虬、五代张翊、宋人姚宏等编著，主要是花卉品格、神韵、情趣方面标举名目、区分类别、品第高下的系统名录与说法。

2.《花信风·花月令·十二月花神》，五代徐锴、明人陈诗教、清人俞樾等编著，主要是花信、月令、花神方面的系统名录与说法。

3.《瓶花谱·瓶史·瓶史月表》，明人张谦德、袁宏道、屠本畯著，系统介绍花卉瓶养清供之器具选择、花枝裁配、养护欣赏等方面的技术经验与活动情趣，相当于现代所说的插花艺术指导。

4.《花里活》，明人陈诗教编著，着重收集以往文献及当时社会生活中生动有趣、流传甚广的花卉故事。

5.《花佣月令》，明人徐石麒著，以十二个月为经，以种植、分栽、下种、过接、扦压、滋培、修整、收藏、防忌等九事为纬，记述各种花木的种植、管理事宜。

6.《培花奥诀录·赏花幽趣录》，清人孙知伯著。前者主要记述庭园花木一年四季的培植方法，实用性较高；后者谈论一些重要花木欣赏品鉴的心得体会。

7.《名花谱》，清人沈赋编著，汇编了九十多种名花异木物性、种植、欣赏等方面的经典资料。

8.《倦圃莳植记》，清人曹溶著，列述四十多种重要花卉以及若干竹树、瓜果、蔬菜的种植宜忌、欣赏雅俗之事，进而对众多花木果蔬的品性、情趣进行评说。

9.《花木小志》，清人谢堃著，细致地描述了作者三十多年走南闯北亲眼所见的一百四十多种花木，其中不乏各地培育出来的名优品种。

10.《品芳录》，清人徐寿基著，分门别类地介绍了一百三十六种花木的物性特色、种植技巧、制用方法等，兼具观赏和实用价值。

以上合计十九种，另因题附录一些相关资料，大多是关乎花卉品种名目、性格品位、时节月令、种植养护、观赏玩味的日用小知识、小故事和小情趣，有着鲜明的实用价值，无异一部“花卉实用小丛书”。我们逐一就其文献信息、著者情况、内容特点、文化价值等进行简要介绍，并对全部原文进行了比较详细的注释和白话翻译，力求方便阅读，衷心希望得到广大园艺工作者、花卉爱好者的喜欢。

程　杰　化振红

2018年8月22日

〔清〕杨　晋

解题

《花里活》是明代陈诗教编辑的一部汇集古代文献中与花卉、植物有关的文史掌故的图书，全书按照时代编排收录，从先秦至明代前中期，分为三卷，近 2 万字，另有“补遗”若干条。

陈诗教，字四可，号绿夫，明代浙江秀水（今浙江嘉兴市）人，生卒年不详，主要生活于万历年间，除《花里活》外，还著有《灌园史》四卷，实为据《花里活》改编之书，今不传。

《花里活》成书于明神宗万历四十四年（1616），编辑者陈诗教因自己特别喜爱花卉植物，所以注意搜罗古籍中有关花卉的典故和奇闻异事，进而汇编成了这部书。该书按时间先后分为五帝、三代、汉、三国、晋、南北朝、唐、五代、宋、元、明 11 个时代，每个时间段内都记录了很多该时期发生的有关花卉植物的故事，或该时期的人创作的有关植物的小说、传奇等。基本上每一个条目都有原始文献来源和出处，只有极个别的几条是陈诗教自己撰写的。书名“花里活”出自唐代诗人李贺《秦宫诗》的“秦宫一生花里活”之句，表明了陈诗教对花卉的喜爱之情，以及愿意一辈子都生活在花丛中的美好志趣。《花里活》收录的条目都比较注重故事性和趣味性，很多故事中都有诙谐、引人发笑的言论，所以可读性较强，而有关花卉栽培、植物种植等方面的内容则几乎不收。也许陈诗教意识到了这种缺憾，所以他在之后编写的《灌园史》中增加了“花卉植物的栽种方法”这一园艺学方面的内容。

《花里活》成书以后，没有立刻出版。到了清代初年，陈诗教同乡的曹溶（1613—1685）编辑大型丛书《学海类编》，收录唐代至清代的书籍 431 种、810 卷，将《花里活》也收入其中。清道光十一年（1831）六安晁氏木活字排印《学海类编》，此即为《花里活》的最早印本。该本半页九行，行二十一字，白口，单鱼尾，四周单边，版心刻印工名“保摄”。道光年间的这一版本对清代道光以前的皇帝名字都有避讳，例如将“玄”改作“元”（康熙帝名玄烨），将“弘”改作“宏”或“洪”（乾隆帝名弘历）等，这些地方经过整理以后都已经改成了本字。后民国年间，上海涵芬楼又将道光本《学海类编》进行了影印，本书即根据涵芬楼影印的《学海类编》对《花里活》进行标点、整理。民国年间出版的《丛书集成初编》（商务印书馆，1935）第 2954 册也收录了《花里活》，是根据《学海类编》本排印的。后《笔记小说大观》（台北新兴书局，1974）、《丛书集成新编》（台湾新文丰出版公司,1985）、《四库全书存目丛书》（齐鲁书社,1997）等丛书也都收录了《花里活》。

在本书出版之前，《花里活》还尚未有经过标点整理的单行本问世。本书在校勘的基础上对《花里活》原文进行了标点，对疑难的字词进行了较为详细的注释，并将全文都翻译成现代汉语白话文。相信读者朋友们通过阅读本书，一定能够增广见闻，获知许多有关花卉植物的文史典故和理论知识，也能够充分感知古人是如何通过与花卉的互动来提升自己的品格和精神境界的。

〔清〕恽寿平

目录

序

〔明〕唐 寅

余性爱看花，年来为病魔所困，不能出游，小庭颇饶佳卉，红紫纷敷[1]。日与游蜂浪蝶相为伴侣，觉此中亦自有真乐，忘其身之委顿[2]也。李昌谷[3]诗有“花里活”之句[4]，余非秦宫其人，窃喜三字之有契余心，遂以名篇。万历丙辰[5]竹醉日[6]，秀水[7]灌园史[8]陈诗教题于小於陵[9]。

注释

〔1〕纷敷：形容花卉茂盛繁多的样子。

〔2〕委顿：形容人萎靡不振、憔悴疲乏的样子。

〔3〕李昌谷：唐代诗人李贺，字长吉，河南福昌（今属洛阳）人，因其居住在福昌昌谷，人们就称之为“李昌谷”。

〔4〕“花里活”之句：指的是李贺《秦宫诗》中的“秦宫一生花里活”，诗题中的秦宫是东汉权贵梁冀的家奴，诗中描写了秦宫嚣张跋扈的气焰和穷奢极侈的生活状态。李贺这句诗中的“花”指代的是歌姬，意为秦宫一辈子都过着花天酒地的生活。陈诗教在此借用了李贺的诗句，却没有使用“花”的比喻义，而是用了“花”的本来含义，指的是各种花卉。

〔5〕万历丙辰：即明神宗万历四十四年，公元 1616 年。

〔6〕竹醉日：指农历五月十三日，此时竹子的春笋刚刚长大，新的根系还没有长成，最适宜挖搬移栽。宋范致明撰《岳阳风土记》：“五月十三日谓之龙生日，可种竹，《齐民要术》所谓竹醉日也。”

〔7〕秀水：明代浙江秀水县，今浙江省嘉兴市。

〔8〕灌园史：陈诗教的自号，意为负责浇灌园圃的小官吏。“灌园”的典故出自《史记·邹阳列传》“於陵子仲辞三公为人灌园”，说的是战国时期齐国一位隐士陈仲子的故事，他面对齐国大夫、楚国相国等官职辞而不受，携夫人一起隐居在於（wū）陵，自称“於陵子仲”，替人浇灌园圃，后世就用“灌园”“於陵”来表达归隐之义。

〔9〕小於（wū）陵：陈诗教对自己住地的称呼，含隐逸之思。於陵的典故见上条注释。

译文

我天生就喜爱看花，可是近些年来因为病痛，不能出去游玩，好在我家的小庭院里有很多美丽的花卉，红紫交映，五彩纷繁。我每天和穿梭在花丛中的蜜蜂、蝴蝶作伴，觉得这里面也有实实在在的乐趣，能够让我忘记身体的疲乏。李贺的《秦宫诗》中有“花里活”的句子，我虽然不是秦宫，私心里却觉得这三个字真契合我的志趣，因此用它来命名我的著作。万历丙辰年（1616）五月十三日，秀水灌园史陈诗教在小於陵题写。

〔清〕董　诰

卷上

五帝

赤将子舆，黄帝时人，不食五谷[1]，啖[2]百草花[3]。

西王母[4]居龙月城，与紫阳真官[5]博戏，则以黄中李[6]一二百枚，递分胜负。[7]

偓佺好食松实[8]，体毛数寸，行逐走马[9]。[10]

注释

〔1〕五谷：指五种主要的谷物，通常认为即“稻、黍、稷、麦、菽”，后泛指粮食作物。

〔2〕啖（dàn）：吃，食用。

〔3〕此条出自晋干宝《搜神记》，原文不录。下文在每个条目的末尾都写明“出处”，本书提示的出处是最早记载该条目的古籍信息，这些信息是译注者查检所得，必有疏误之处，恳请方家指正。注释出处时，除解释某些词汇必须征引原文外，皆不赘录。

〔4〕西王母：中国古代神话传说中居住在昆仑山瑶池的女神，现代文艺作品常将其表现为一个衣着华丽、慈眉善目的老妇人。

〔5〕紫阳真官：上古的天仙，与道教神话中的紫阳真人不是一人。

〔6〕黄中李：西王母住处所产的一种奇异植物，每个果实上都有“黄中”两个字。唐冯贽（zhì）《云仙杂记》：“西王母居龙月城，城中产黄中李，花开则三影，结实则九影，花实上皆有‘黄中’二字。”

〔7〕出处：唐冯贽《云仙杂记》。

〔8〕松实：即松子，是传统的中药材。

〔9〕走马：奔跑的马。

〔10〕出处：旧题汉刘向撰《列仙传》，晋干宝《搜神记》亦录。

译文

赤将子舆是上古黄帝时期的人，他不吃五谷粮食，而吃各种草的花朵。

西王母居住在龙月城，常常跟紫阳真官玩赌博游戏，每回都用一两百个黄中李做赌注，按次序决定胜负。

有个叫偓佺（wò quán）的人非常爱吃松子，他长着几寸长的体毛，行走的速度能赶上正在奔跑的马。

〔宋〕佚 名

三代

师门者，啸父弟子也，能使火，食桃李葩[1]。[2]

季充，号“负图先生”，尝饵菊、术[3]，经旬不语，人问何以，曰：“世间无可食，亦无可语者。”[4]

寇先[5]者，宋人，好种荔枝，食其葩实。[6]

段干木[7]请客，供厨惟瀹[8]笋，曰：“家贫山居，惟笋一味。”[9]

孟尝君[10]食客[11]三千人，上客食肉，中客食鱼，下客食菜。[12]

安期生[13]以醉墨[14]洒石上，皆成桃花。[15]

注释

〔1〕葩（pā）：草木植物的花。

〔2〕出处：晋干宝《搜神记》。

〔3〕术（zhú）：白术，菊科苍术属植物，根茎可以入药。

〔4〕出处：未详。明张岱《夜航船》、明顾起元《说略》亦录。

〔5〕寇（kòu）先：春秋时期宋国人，以钓鱼为业，有道术，宋国国君曾向他询问道术的奥秘，因拒绝告诉国君而被杀。

〔6〕出处：旧题汉刘向撰《列仙传》。

〔7〕段干木：春秋末期魏国人，姓李，名克，受封于段地，官职是干木大夫，因此人称段干木。

〔8〕瀹（yuè）：烹煮。

〔9〕出处：未详。明万历间彭大翼《山堂肆考》亦录，又晚明周珽辑《删补唐诗选脉笺释会通评林 · 盛五律上》所录的明人程元初针对唐王维《晚春严少尹与诸公见过》一诗的评语中亦提及段干木以笋邀客之事。

〔10〕孟尝君：名叫田文，号孟尝君，是战国时期齐国的贵族，齐威王的孙子。他礼贤下士，善于招揽人才，与赵国平原君赵胜、魏国信陵君魏无忌、楚国春申君黄歇并称为战国四公子。

〔11〕食客：春秋战国时期出现的一类社会群体，他们寄食于王公贵族之门，供主人使唤，为主人出谋划策、奔走帮闲。

〔12〕出处：汉刘向《列士传》。

〔13〕安期生：道家神话中的一个神仙，司马迁《史记 · 孝武本纪》记载："安期生，仙者，通蓬莱中，合则见人，不合则隐。"

〔14〕醉墨：传说安期生嗜酒，每饮至酣畅快意时，就取酒研墨，墨汁带着酒香，浓郁沁人，称为"醉墨"。

〔15〕出处：唐段成式《酉阳杂俎》。

〔清〕郎世宁

译文

师门是啸父的徒弟，他能自如地运用火，以桃李的花为食。

季充的别号叫“负图先生”，曾经吞食菊花和白术，过了十多天都不说话，别人问他为什么这样，他回答说：“世间没有其他可以食用的东西了，也没有可以和我交流的人。”

寇先是春秋时宋国人，爱好种植荔枝，吃荔枝的花和果实。

有一次段干木请客，提供给厨子烹煮的只有竹笋，他解释道：“我家住在山中很是贫困，只有竹笋这一种食物。”

孟尝君门下的食客有三千人，地位较高的门客吃肉，地位中等的门客吃鱼，地位较低的门客吃蔬菜。

安期生把醉墨洒在岩石上，之后墨点都幻化成了桃花。

汉

陆贾[1]使南越[2]，尉佗[3]与之泛舟锦石山[4]下。贾默祷曰："我若说越王肯称臣，当以锦裹石，为山灵报。"使还，遂出囊中装，募人植花卉以当锦。[5]

注释

〔1〕陆贾（jiǎ）：汉初思想家、政治家，楚汉相争时就是刘邦重要的谋士，汉朝建立后奉旨出使南越，成功说服南越王对汉朝称臣，为汉朝的统一与安定做出了极大贡献。

〔2〕南越：秦末汉初时期中国岭南两广地区的独立政权，由秦朝南海郡龙川县令赵佗建立，存在近百年，终被汉武帝出兵灭亡。

〔3〕尉佗（tuó）：即南越开国君主赵佗，秦末大乱时，赵佗割据岭南，建立南越国，号称南越武帝。因赵佗在秦朝曾任郡尉的官职，故别称"尉佗"。

〔4〕锦石山：陆水河与西江交汇处的一座突起的山峰，位于广东省德庆县西25公里，因陆贾使越以锦裹石的故事而得名。

〔5〕出处：宋洪迈《夷坚志》。

译文

陆贾出使南越国，南越王赵佗和他在锦石山下泛舟。陆贾默默地祈祷："如果我能够说服南越王赵佗向朝廷臣服，就用华美的锦绣包裹山石，报答山中的神灵。"陆贾顺利完成使者的任务即将返回时，拿出行囊中的衣物兑现先前祷告时的承诺，招募匠人在山石上种植花卉充当锦缎。

〔宋〕佚　名

高后[1]时，朱仲[2]戏三寸珠，视之，中有花影，一里之内所种花木皆见。[3]

注释

〔1〕高后：即汉高祖刘邦的皇后吕雉。

〔2〕朱仲：西汉初年一个卖珠的商人。

〔3〕出处：未详，此条极可能是陈诗教杂糅《列仙传》与《漂粟（sù）手牍》的故事杜撰而成的。汉刘向《列仙传》称朱仲是会稽人，经常在会稽的市场上贩卖珠子，汉高后时曾献三寸珠，并无"珠中有花影"的记载。"花影"文本的来源是古书《漂粟手牍》："珠三寸者谛视之，有花影层层在内，一里之内所种花木必现于中，颜色宛然，变幻万端，第非时之木不见耳。"《漂粟手牍》作者及写作年代均不详，但元末明初陶宗仪编《说郛（fú）》已有引用，可知其成书必在元代或元代以前。

译文

汉初吕后当政时，有个叫朱仲的人把玩三寸大的宝珠，凑近看，珠子里有花的影像，方圆一里之内的花木都可以看见。

〔清〕居 廉

西汉曹元理[1]，明筭[2]术，尝过其友人陈广汉。广汉曰：“有仓卒[3]客，无仓卒主人，柰[4]何？”元理曰：“俎[5]上蒸豘[6]一头，厨中荔枝一柈[7]，皆可为设[8]。”广汉再拜谢罪，自入取之，尽日为欢。[9]

注释

〔1〕曹元理：汉成帝时一个精通数学推算之术的人。

〔2〕筭（suàn）：同“算”，计算之义。

〔3〕仓卒：即仓促，形容匆忙急促的样子。

〔4〕柰（nài）：同“奈”，怎样、如何之义。

〔5〕俎（zǔ）：切菜的砧板。

〔6〕豘（tún）：同“豚”，或作“豘”，义为小猪，也可泛指猪。

〔7〕柈（pán）：同“盘”，指盘子。

〔8〕设：陈设、摆设，这里指摆到餐桌上来。

〔9〕出处：汉刘歆撰，晋葛洪辑抄于《西京杂记》。

译文

西汉有个叫曹元理的人，精通数学推算之术，有一次去拜访他的友人陈广汉。广汉说：“您作为客人仓促地来是可以的，我却不能做仓促待客的主人，怎么办呢？”曹元理回答说：“砧板上有一头蒸熟的乳猪，厨房里有一盘荔枝，都可以拿上餐桌嘛。”陈广汉向曹元理拜了两拜请求友人原谅自己的准备不足，马上走进厨房拿出乳猪和荔枝，于是宾主整日尽欢。

武帝[1]与丽娟[2]看花，时蔷薇[3]始开，态若含笑。帝曰："此花绝胜佳人笑也。"丽娟戏曰："笑可买乎？"帝曰："可。"丽娟遂奉黄金百斤为买笑钱。蔷薇名"卖笑花"，自此始。[4]

注释

〔1〕武帝：指汉武帝刘彻。

〔2〕丽娟：汉武帝时期的一个宫女，事迹主要见于旧题后汉郭宪所撰的《汉武洞冥记》，该书卷四记载："帝所幸宫人，名丽娟，年十四，玉肤柔软，吹气胜兰。不欲衣缨拂之，恐体痕也。每歌，李延年和之，于芝生殿唱回风之曲，庭中花皆翻落。置丽娟于明离之帐，恐尘垢污其体也。帝常以衣带系丽娟之袂，闭于重幕之中，恐随风而去也。丽娟以琥珀为佩，置衣裾里，不使人知，乃言骨节自鸣，相与为神怪也。"

〔3〕蔷薇：蔷薇属部分植物的通称，是原产于中国的落叶灌木，花开时六七朵丛生，为圆锥状伞房花序，花为白色，亦有红、黄色，花蕊黄色，花有单瓣或重瓣，具芳香气味，野生者香味愈烈。

〔4〕出处：元以前佚名《贾子说林》，或称《贾氏说林》。元伊世珍《琅嬛（láng huán）记》已有引用。

译文

有一次汉武帝和宫女丽娟一起看花，当时蔷薇花刚刚开放，姿态好像人含笑的样子。武帝说："这个花远远超过佳人笑。"丽娟开玩笑说："笑可以买吗？"武帝回答说："可以。"于是丽娟就奉上一百斤黄金作为买笑的钱。蔷薇花被称作"卖笑花"，就是从这时候开始的。

武帝尝以吸花丝锦赐丽娟，命作舞衣。春莫[1]宴于花下，舞时故以袖拂落花，满身都着，舞态愈媚，谓之“百花之舞”[2]。

按[3]，汉宫人丽娟，玉肤柔软，吹气胜兰，每唱回风之曲，庭中花皆翻落。

注释

〔1〕春莫：即春暮，晚春。“莫”同“暮”。

〔2〕出处：隋杜公瞻《编珠》。

〔3〕按：按语，也作“案”，意为“补充说”，是文章、书籍的作者或编者在正文之外所加的批注和说明性文字，有补充、注解、评价正文内容的作用。这里的按语出自《汉武洞冥记》，上一节注文中已有引用。

译文

汉武帝曾经赐给丽娟一种能够吸附花瓣的丝锦，命令她将其制作成舞衣。晚春时节在花下宴饮，当丽娟舞蹈时武帝故意用袖子拂下落花，使得丽娟全身都附着上了花朵，因此她舞动的姿态就更加娇媚了，被称为“百花之舞”。

陈诗教按，汉代宫女丽娟的肌肤光洁似玉，十分柔软，她呼出的气息似兰花一般幽香，每次歌唱名叫《回风》的歌曲时，庭院里的各种花都翻腾落下。

霍光[1]园中凿大池，植五色睡莲[2]，养鸳鸯[3]三十六对，望之烂若披锦。[4]

按[5]，南海有睡莲，夜则花低入水。

注释

〔1〕霍光：西汉著名的权臣，是名将霍去病的异母弟、汉昭帝皇后上官氏的外祖父、汉宣帝皇后霍成君的父亲。霍光是汉武帝、昭帝、宣帝三朝元老，官至大司马、大将军，公元前 74 年曾主持海昏侯（又称汉废帝）刘贺的废立之事。

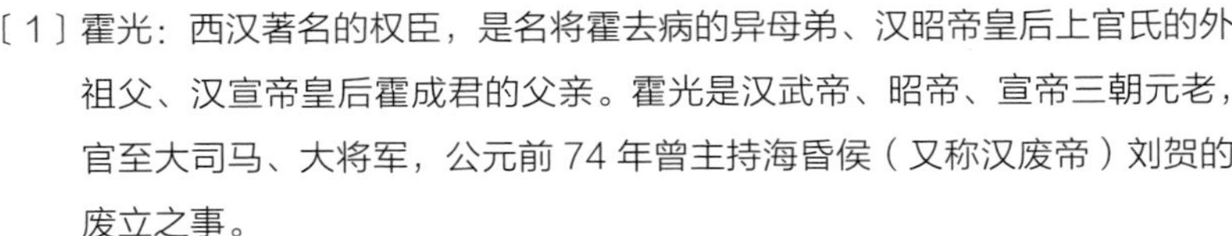

〔2〕睡莲：睡莲科睡莲属的多年生浮叶型草本水生植物，叶片能浮于水，呈圆形或椭圆形，开独茎大花，花色多样，以红、白为常见，有单瓣、多瓣、重瓣，花朵硕大，睡莲花的直径普遍都大于成年人伸展开的手掌，花形十分美观，白天开放，夜间闭合。

〔3〕鸳鸯（yuān yāng）：雁形目鸭科鸳鸯属的一种鸟类，鸳指雄鸟，鸯指雌鸟，鸳鸯成对活动，主要栖息于各类湿地，食性杂。雄鸟外形华美艳丽，全身有红、黄、黑、白、灰、绿等多种颜色，人工养殖在园林中，极具观赏价值。

〔4〕出处：宋佚名《真率笔记》，与其时代相差不远的南宋至元佚名《谢氏诗源》亦录。

〔5〕此条按语出自唐人段成式的《酉阳杂俎》。

译文

霍光家的庭园中开凿了一个大池塘，种植了五色睡莲，还养了三十六对鸳鸯，远远看去光彩夺目，好像披盖着一层锦绣。

陈诗教按，南海有一种睡莲，夜间会将花苞沉入水中。

周党[1]见闵仲叔[2]，食无菜，遗之生蒜。仲叔曰：“欲省烦耳，今更作烦耶？”受而不食。[3]

注释

〔1〕周党：两汉之交一个特立独行、不依附权势的正直士人，生活在山西太原地区。

〔2〕闵（mǐn）仲叔：即闵贡，字仲叔，与周党同时代的一位隐士，生活清贫，品格贞介，住在安邑县（今属山西省运城市）。

〔3〕出处：晋初皇甫谧（mì）《高士传》。

译文

周党去拜访闵仲叔，见到他没有什么菜吃，就送给他一些生的大蒜。闵仲叔说：“本来我就想省却一些吃饭方面的烦恼，现在你还要继续给我增添麻烦吗？”说完虽然接受了周党的馈赠，却没有食用。

后汉孟节[1]，能含枣核，不食可至十年。[2]

注释

〔1〕孟节：即郝孟节，汉代末年一个修炼得道成仙之术的术士，上党（今山西省长治市）人，相传他能够屏气龟息，状若死人长达半年之久，主要事迹见于南朝宋范晔《后汉书·方术列传》。

〔2〕出处：晋葛洪《神仙传》，《后汉书》亦载。

译文

东汉有个叫郝孟节的人，他可以含着枣核不吃食物长达十年。

〔宋〕王 诜

汉时有徐登、赵炳〔1〕者，俱有仙术。一日相遇，各试其术。炳能禁水使不流，登喷酒着树辄成花。〔2〕

注释

〔1〕徐登、赵炳：据《后汉书》记载，徐登是闽中（今属福建）人，本来是女子，后化为男性，赵炳是东阳（今属浙江）人，字公阿（ē），他们都擅长巫术，徐登比赵炳年长，赵炳以对待老师的礼节对待徐登。

〔2〕出处：南朝宋范晔《后汉书》，陈诗教略有改写。

译文

汉代有两个人叫徐登和赵炳，都会神奇的法术。有一天他们在路上遇见了，就分别展示自己的法术。赵炳能够让溪流中的水定住不流动，徐登对着树喷出一口酒能让树立刻开花。

汉有女子舒襟，为人聪慧，事事有意。与元群[1]通[2]，尝[3]寄群以莲子[4]，曰："吾怜子也。"群曰："何以不去心？"使婢答曰："吾欲汝知心内苦。"[5]

注释

〔1〕元群：何人不详，史籍不载。

〔2〕通：古时用于形容不合伦常的男女关系。

〔3〕尝：副词，意为曾经。

〔4〕莲子：睡莲科植物莲的种子，生长在莲蓬中，又称莲实、莲蓬子，外观呈球形，比人的指甲盖略大，一般为浅黄棕色，亦有红棕色，鲜品与干品皆具美味，可以入药，味甘、微涩，莲子中心有绿色胚芽，味苦。因莲子谐音"怜子"，古人常在文学作品中用以表露爱意。

〔5〕出处：佚名《谢氏诗源》，该书创作年代不详，约为南宋到元代。

译文

汉代有一个叫舒襟的女子，为人聪慧，对任何事都有自己的小心思。她与元群保持着私通的关系，曾经托人送给元群一些莲子，并带话说："这是表明我怜爱你啊。"元群说："为什么不把莲子心去掉呢？"（她）派婢女回答说："我想要让你知道我内心的苦楚啊！"

三国

李意其[1]于城角中作一土窟[2]，居其中，冬夏单衣，但[3]饮酒，食脯[4]及枣，或百日、二百日不出。[5]

注释

〔1〕李意其：李意，字意其，一作意期，蜀（今属四川）人，相传是汉文帝时期生人，至汉末三国时仍健在，有仙术，刘备曾向他卜问凶吉。

〔2〕窟（kū）：洞穴、巢穴。

〔3〕但：只，仅是。

〔4〕脯（fǔ）：肉干，熟肉的干制品。

〔5〕出处：晋葛洪《神仙传》。

译文

李意其在城边上挖了一个土洞住在里面，冬天和夏天都穿着单衣，仅仅喝点酒，吃一些肉干和枣子，有时候一百天、两百天都不从土洞里出来。

汉〔1〕人有适〔2〕吴〔3〕，吴人设笋，问是何物，曰：“竹也。”归煮其床箦〔4〕而不熟，乃谓其妻曰：“吴人轣辘〔5〕，欺我如此。”〔6〕

注释

〔1〕汉：这里指的是三国之一的蜀汉政权，由刘备建立，国都成都（今四川省成都市）。

〔2〕适：往，到，去。

〔3〕吴：这里指三国之一的吴国，由孙权建立，国都建业（今江苏省南京市）。

〔4〕箦（zé）：竹制的床席。

〔5〕轣辘（lì lù）：原指车的轨道，谐音“诡（guǐ）道”，意为欺骗、诓骗。

〔6〕出处：三国魏邯郸淳《笑林》。

译文

蜀汉有个人到吴国去，吴国人摆上了笋招待他，他询问是什么食物，吴国人说：“这是竹子。”这个人回家以后就把床上的竹席煮了，却煮不熟，于是他就对他妻子说：“吴国人太狡诈了，竟然这样欺骗我。”

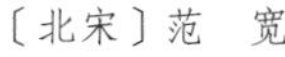

刘公干[1]居邺下[2]。一日，桃李烂漫，值诸公子延[3]赏，久之方去。公干问仆曰："损花乎？"仆曰："无，但爱赏而已。"公干曰："珍重！轻薄子[4]不损折，使老夫酒兴不空也。"遂饮花下，作《放歌行》[5]。[6]

注释

〔1〕刘公干（gàn）：刘桢（zhēn），字公干，东汉末年人，文学家、诗人，建安七子之一，依附于曹魏。

〔2〕邺（yè）下：即邺城，建安时期曹操曾扶持汉献帝据守于此，后为曹魏五都之一，地理位置在今河北省临漳县与河南省安阳市地区。

〔3〕延：邀请，引导接待。

〔4〕轻薄子：冶游的少年，在春天或节日里去野外游玩的少年人。

〔5〕《放歌行》：古乐府旧题，一类诗歌的题目名称，明徐献忠撰《乐府原》称"放歌者，放情于形骸之外不受羁束者也"，可知以"放歌行"为题的诗歌表达的是不受拘束、放浪形骸的情感。

〔6〕出处：此条出自南宋佚名集注《分门集注杜工部诗》为杜甫《风雨看舟前落花戏为新句》一诗作注时，以"苏曰"引导的注文所引用的古书《玉堂别集》，是古人虚构出来的书。杜诗学界将《分门集注杜工部诗》一书中以"苏曰"引导的注文称作"伪苏（轼）注"，它是南宋人假托北宋著名文学家苏轼之口伪造出来的。

译文

著名的文士刘桢住在邺城。有一天，桃花和李花都开放了，绚丽灿烂，各位公子邀请他观赏，他过了很久才动身前去。刘桢问仆人："他们没有损伤花朵吧？"仆人答道："没有，他们只是喜爱观赏而已。"刘桢说："对那些花一定要珍爱和重视啊！游玩的少年人没有摧折损伤它，老夫喝酒的兴致就不会减少。"说完就在桃李树下喝起酒来，创作吟咏了一首《放歌行》。

〔清〕郎世宁

魏郑公悫[1]，避暑历城[2]，取大莲叶贮酒，以簪[3]通其柄，屈茎如象鼻，传噏[4]之，名为“碧筩[5]”。[6]

注释

〔1〕郑公悫（què）：三国时曹魏的一个官员，生平事迹不详。

〔2〕历城：魏国青州安平郡历城县，今山东省济南市历城区。

〔3〕簪（zān）：古代人用来固定盘绕在头顶的长发，或把冠帽固定在头发上的一种长针。

〔4〕噏（xī）：同“吸”，吸取，吮吸。

〔5〕筩（tǒng）：同“筒”，粗直而中空的器物。

〔6〕出处：唐段成式《酉阳杂俎》。

译文

曹魏时有个叫郑公悫的官员，在历城避暑，拿了一片硕大的莲叶装酒，并且用簪子戳通了叶柄，弯曲的茎干就如同大象的鼻子一样，与客人传递着吸取莲叶上的酒，将它命名为“碧筒”杯。

樊夫人与夫刘纲[1]俱有道术，各是言胜。中庭有两桃树，夫妻各呪[2]其一，桃便斗，纲所呪桃，走出篱外。[3]

注释

〔1〕刘纲：字伯鸾，三国时吴国上虞县（今浙江省绍兴市上虞区）的县令，有些法术，能写檄（xí）文召唤鬼神，常跟夫人樊氏在家切磋道术，最后双双升仙而去。

〔2〕呪（zhòu）：同“咒”，咒语，某些巫术或宗教仪式中的秘语。

〔3〕出处：晋葛洪《神仙传》。

译文

樊夫人和她丈夫刘纲都有道术，各自都声称能胜过对方。他们家的庭院之中有两棵桃树，夫妻两个各自向一棵树施加咒语，桃树就开始打斗起来，其中刘纲施加咒语的那棵桃树不敌，被打出了篱笆之外。

葛元[1]有异术，尝冬日为客设生瓜枣，夏致冰雪。[2]

注释

〔1〕葛元：即葛玄，字孝先，曾跟随东汉末年著名的方士左慈学习道术，能够画符求雨。《学海类编》所收《花里活》将“玄”改作“元”是避清康熙帝讳。

〔2〕出处：晋干宝《搜神记》。

译文

葛玄有奇异的法术，曾经有一回在冬天为客人摆上新鲜的瓜枣，又有一次在夏天为客人献上冰雪。

吴时有徐光者，常行术于市里[1]。从人乞瓜，其主勿与，便从索瓣[2]，投地种之。俄而[3]瓜生蔓延，生花实成，乃取食之，因赐观者。鬻[4]者反视[5]，所出卖皆亡耗矣。[6]

注释

[1] 市里：街市和里巷。

[2] 瓣：切开的瓜瓣，里面有一些种子。

[3] 俄而：不久，顷刻间，也写作“俄尔”。

[4] 鬻（yù）：卖，出卖。

[5] 反视：回过头来看，反转身子看。

[6] 出处：晋干宝《搜神记》。

译文

吴国有个叫徐光的人，经常在街市里巷当中展示法术。有一次他向一个卖瓜的人讨要瓜吃，瓜主不给他，他就要来瓜子，扔在地上种下去。不一会儿瓜子就发芽生长了，瓜蔓（wàn）在地上延展，立刻就开满了花，结成了果，徐光就摘下瓜来品尝，又顺手送给围观的人吃。卖瓜的商人回头查看自己所卖的瓜，已经都消失不见了。

晋

潘岳[1]美姿容，挟弹[2]出洛阳道，妇人皆连手，投之以果，满车而归。时张载[3]甚丑，每出行，小儿以瓦石掷之，委顿而去。[4]

注释

〔1〕潘岳：字安仁，世称“潘安”，中牟（今河南省中牟县）人，西晋著名的文学家。

〔2〕弹：弹弓，古时候以竹为弦的弓。

〔3〕张载：字孟阳，安平（今河北省安平县）人，西晋文学家，与其弟张协、张亢都以文学著称，时称“三张”。

〔4〕出处：唐房玄龄等撰《晋书·潘岳传》。

译文

潘岳的容貌十分俊美，当时他手拿弹弓驾车在洛阳的大街上，看到他的女人们都竞相来牵他的手，并向他投掷各种水果，等他回家时已经装满了一车。而张载长相丑陋，每次出门，一些小孩子总向他丢掷瓦砾石头，他只能沮丧而归。

〔清〕邹一桂

山涛〔1〕治郫〔2〕时，刳〔3〕大竹酿酴醾〔4〕作酒，兼旬〔5〕方开，香闻百步外。〔6〕

注释

〔1〕山涛：字巨源，河内郡怀县（今河南省武陟县）人，三国曹魏及西晋时期名士、政治家，“竹林七贤”之一（另六人是嵇康、阮籍、向秀、刘伶、王戎及阮咸）。

〔2〕郫（pí）：县名，今四川省成都市郫县。

〔3〕刳（kū）：将物体从中剖（pōu）开，再把中心挖空。

〔4〕酴醾（tú mí）：也写作“酴醿”“酴醾”，一种经几次复酿而成的甜米酒，用荼蘼花熏香或浸渍的酒。

〔5〕兼旬：“兼”表示加倍，十日为一旬，兼旬就是二十天。

〔6〕出处：宋赵抃（biàn）《成都古今记》。

译文

山涛在郫县做官时，曾经剖开粗大的竹子酿制酴醾酒，二十天之后才打开，香气扑鼻，百步之外都能闻到。

张牧之[1]隐竹溪，不与世接，客来蔽竹窥之。韵人佳士，则呼船载之，或自刺舟[2]与语。[3]

注释

〔1〕张牧之：宋代的一个隐士，生平事迹不详。

〔2〕刺舟：指用长长的篙（gāo）子撑船。

〔3〕出处：宋林敏修《〈张牧之竹溪诗〉序》，收入南宋吕祖谦编《宋文鉴》（当时称《皇朝文鉴》）。

译文

张牧之隐居在竹溪，不跟世人接触，如果有客人来，他就把身体隐蔽在竹丛里窥视客人。如果碰见君子贤人来访，他就招呼船家载客，甚至亲自撑着竹篙划着船与贤士谈话交流。

陶宏景[1]特爱松风，庭院皆植松，每闻其响，欣然为乐。[2]

注释

〔1〕陶宏景：即陶弘景（避清乾隆帝讳而改），字通明，南朝梁丹阳郡秣陵县（今属江苏省南京市）人，当时著名的隐士，也是本草学家、炼丹家、文学家，著有《本草经集注》《华阳陶隐居集》等。

〔2〕出处：唐姚思廉撰《梁书·处士传·陶弘景传》(《梁书》部分篇幅为姚思廉父亲姚察的遗稿）。

译文

陶弘景特别喜爱松林间吹出的风，他的庭院里种满了松树，每次听到风摇松枝的声音，就感到非常愉快和欢乐。

〔南宋〕夏　圭

〔清〕恽寿平

和峤[1]性至俭，家有好李，王武子[2]求之，与不过数十。王武子因其上直[3]，率将少年能食之者，持斧诣[4]园，饱共噉[5]毕，伐之，送①一车枝与和公，问曰："何如君李？"和既得，惟笑而已。[6]

按[7]，峤诸弟往园中食李，皆计核责钱，则俭啬可知。又，王戎[8]家有好李，恐人得其种，恒钻其核。

校勘

① 送：原刻《学海类编》本作"遂"，语意不通，据《学海类编》本排印之《丛书集成初编》本改作"送"。按，此条所出之《世说新语》原文即作"送"。

注释

〔1〕和峤：字长舆，汝南西平（河南省西平县）人，曹魏至西晋初年的大臣，出生于官宦世家，少（shào）有才名，为政清明，官至中书令、太子少傅，死后获赐金紫光禄大夫。

〔2〕王武子：即王济，字武子，太原晋阳（今山西省太原市）人，晋文帝司马昭女儿常山公主的驸马，也是和峤的亲戚，王济的姐姐嫁给了和峤。

〔3〕直：同“值”，值日、值班，这里是说和峤去官衙值班。

〔4〕诣（yì）：进前，造访。

〔5〕噉（dàn）：同“啖”，吃。

〔6〕出处：南朝宋刘义庆《世说新语》。

〔7〕按：前一条按语出自东晋裴启《语林》，后一条王戎事迹出自唐房玄龄等撰《晋书·王戎传》。

〔8〕王戎：字濬冲，琅玡临沂（今山东省临沂市）人，西晋名士、官员，“竹林七贤”之一。

译文

和峤的性格极为吝啬，他家有品种上佳的李子，小舅子王济来索求，他也只给几十个。王济于是趁着和峤去衙门值班的时候，带领了一帮能吃李子的年轻人，拿着斧头走进和峤的园子，把李子吃了个饱，完了还把李树给砍了，并且送了一车李树枝给和峤，问道：“这个比您的李树怎么样？”和峤知道事实后，只能笑笑罢了。

编者按，和峤家族中的弟弟们去他果园里吃李子，他都要按照果核的数量索取钱财，那么他吝啬的程度就可想而知了。还有，王戎家也有好李子，他怕别人得到李种，坚持不懈地钻坏每个李子的果核。

辛①宣仲〔1〕家贫，春日鬻②笋充觞酌〔2〕。截竹为罂〔3〕，用充盛置。人问其故，宣仲曰："我惟爱竹好酒，故合二物常相并耳。"〔4〕

校勘

① 辛：原刻《学海类编》本作"阮"，此据《南雍州记》《襄阳耆旧记》，及后世收录此条之《类说》（宋曾慥编）、《广博物志》（明董斯张撰）等校改。

② 鬻：原刻《学海类编》本作"粥"，此据《南雍州记》《渊鉴类函》（清张英等编）、《佩文韵府》（清张玉书等编）等书所录校改。

注释

〔1〕辛宣仲：南朝宋时陇西（今甘肃省渭河上游地区）人，生平事迹不详。

〔2〕觞酌（shāng zhuó）：觞和酌，都是古代盛酒的礼器，这里用以指代酒。

〔3〕罂（yīng）：一种小口大腹的陶制酒器。

〔4〕出处：晋《南雍州记》，作者难以确考，有王韶（王韶之）、鲍至、郭仲彦、鲍坚等多种说法。此条晋习凿齿《襄阳耆旧记》亦录。

译文

辛宣仲家里贫穷，每到春季时节就用卖笋的钱来充作酒资。他买回酒之后，砍断竹节作为盛酒的器皿。人家问他为什么这样，辛宣仲回答说："我就爱好竹子和酒，因此常常把这两个事物合并在一起。"

晋《新野君[1]传》："家以剪花为业，染绢为芙蓉[2]，捻蜡为菱藕，剪梅若生。"[3]

注释

〔1〕新野君：汉和帝刘肇的皇后邓绥的母亲，东汉平寿侯邓训之妻，阴氏。她是汉光武帝刘秀的皇后阴丽华从弟之女，南阳郡新野县（今河南省南阳市新野县）人，汉和帝驾崩后邓绥被尊为皇太后，随即加爵于母亲阴氏为新野君，赐汤沐邑万户。正史上并无新野君家族以剪花为业之事，此当系后世杜撰，杜撰的情形有两种可能：一是晋代佚名人士虚构了《新野君传》，后人信从之；二是宋人高承编撰《事物纪原》时整个虚构了这一条目，而妄称晋代古书之言。考察各类古籍对此条目的收录情况，后一种情况可能性更大。

〔2〕芙蓉：荷花的别称。

〔3〕出处：宋高承《事物纪原》。

译文

晋代人写的《新野君传》记载："新野君家族以剪花为业，他们染制的丝绢上印着荷花图样，能将石蜡搓捻成菱藕的形状，剪出来的梅花栩栩如生。"

石崇[1]砌上就苔藓刻成百花，饰以金玉，曰："壶中之景[2]，不过如是。"[3]

注释

〔1〕石崇：字季伦，渤海南皮（今河北省南皮县）人，西晋开国功臣大司马石苞之子。他是当时有名的富豪，生活极为奢侈。

〔2〕壶中之景：据晋葛洪《神仙传》记载，仙人壶公能在一个空壶里变化出天地日月，与人间别无二致，后来人们就用"壶中景"来比喻美妙的仙境，之后壶中景又引申指代美丽的园林风景。

〔3〕出处：唐冯贽《云仙杂记》引佚名《耕桑偶记》。

译文

石崇在家里的台阶上依照苔藓生长的区域雕刻百花，并且用金子和玉石来装饰，说："人家称赞的壶中之景，也不过就像这样吧。"

武阳[1]女嫁阮宣武[2]，性妒。家有一株桃树，花叶灼耀，宣叹美之，即便大怒，使婢取刀斫[3]树，摧残其花。[4]

注释

〔1〕武阳：人名，即武历阳，生平不详。

〔2〕阮宣武：即阮修，字宣子，陈留尉氏（今河南省尉氏县）人，西晋哲学家，秉持世间无鬼神的观点，官至太子洗（xiǎn）马。

〔3〕斫（zhuó）：原意为大斧子、大锄头，引申为动词，意为砍伐、劈砍。

〔4〕出处：南朝宋虞通之撰《妒妇记》，又称《妒女记》《妒记》。

译文

武历阳的女儿嫁给了阮修，她性格善妒。阮修家里有一株桃树，开花时花叶交映，鲜明灿烂，阮修见了赞叹桃树的美丽，他妻子见状特别生气，命令婢女拿刀砍树，摧毁了桃花。

李衡〔1〕为丹阳〔2〕太守〔3〕，遣人于龙阳〔4〕洲作宅，种柑〔5〕千树。勅〔6〕儿曰："吾州里有千头木奴〔7〕，不责〔8〕汝衣食，岁上〔9〕一匹绢，亦足用矣。"〔10〕

注释

〔1〕李衡：字叔平，襄阳（今湖北省襄阳市）人，三国时吴国的官员，曾任司马、威远将军。其妻习英习，是襄阳望族习竺的女儿，知书达理，但是不善于操持家务。这个故事的背景就是，李衡知道妻子不善经营持家，怕自己亡故后妻子和孩子没有依靠，于是派人种了一大片柑橘林，柑橘不需要人工投入就能卖钱养活一家人。

〔2〕丹阳：指吴国的丹阳郡，治所在今江苏省南京市。

〔3〕太守：古代的官名，本是战国时代设置的郡守的尊称，西汉景帝时，郡守改称太守，是一个郡的最高行政长官。古时"郡"相当于今天的省级行政单位。

〔4〕龙阳：吴国武陵郡龙阳县，位于今湖南省常德市汉寿县。

〔5〕柑：古汉语中橘、柚等柑橘属植物的通称，柑中大的叫柚，小的叫橘。

〔6〕勅（chì）：同"敕"，告诫，嘱咐，用于长辈对晚辈、上级对下级。

〔7〕木奴：身为奴仆的树木，这里指的是柑橘树，它不需要主人供养衣食，还能每年赚些钱财，就好像奴仆一样。

〔8〕责：索取，索求。

〔9〕上：献上，奉上，上缴，交纳。

〔10〕出处：晋习凿齿《襄阳耆旧记》，又称《襄阳记》。

译文

李衡在做丹阳郡太守的时候，派人去龙阳县的沙洲上造房子，在那里种植了一千棵柑橘树。他后来嘱咐儿子说："我故乡那边有一千个树木奴隶，它们不索求你的衣食，每棵树每年所获的利息钱还等同于上交一匹绢布，也足够你们花用了吧。"

晋元帝[1]时有老姥[2]，每旦独提一器茗[3]，往市鬻之。市人竟买，自旦至夕，其器不减。所得钱，散路傍孤贫乞人。人或异之，州法曹[4]縶[5]之狱中。至夜，老姥执所鬻器，从狱牖[6]中飞出。[7]

注释

〔1〕晋元帝：司马睿，字景文，东晋的开国皇帝。

〔2〕姥（mǔ）：年老的妇女。

〔3〕茗（míng）：茶，茶水。

〔4〕法曹：古代官职名，执掌司法的官吏，相当于现在的警察。

〔5〕縶（zhí）：捆绑，拘束，拘捕。

〔6〕牖（yǒu）：窗户。

〔7〕出处：晋佚名《广陵耆老传》，或称《广陵耆旧传》。

译文

晋元帝那时候有一个老妇人，每天清晨都独自提着一容器茶水，前往集市售卖。集市里的人们从早到晚都争先恐后地购买，器皿里面的茶水却不见减少。老太太得到的钱，随手就散发给路边上孤贫乞讨的人。人们见状都很奇怪，州里的执法者就把她抓进了监狱。到了晚上，老太太拿着卖茶的器具，从监狱的窗户中飞出去了。

元帝时，临池观竹既枯，后[1]每思其响，夜不能寝。帝为作薄玉龙数十枚，以缕[2]线悬于檐外，夜中因风相击，听之与竹无异。[3]

注释

〔1〕后：指晋元帝司马睿的原配夫人虞孟母，她去世的时间比司马睿称帝还早6年，生前并没有做过皇后，司马睿称帝后追尊她为“元敬皇后”。司马睿在位期间并没有册立其他嫔妃为皇后，可见本条故事应当出于杜撰。

〔2〕缕（lǚ）：细长的丝线。

〔3〕出处：《芸窗私志》，作者与创作年代均不详，明初《说郛》已有征引，可知其写作年代在元代或元代以前。

译文

晋元帝时，池塘旁边供观赏的竹子枯萎了，皇后想念风吹竹子的响声时，晚上就睡不着觉。元帝特地制作了几十个轻薄的玉龙片，用线串起来悬挂在屋檐外面，夜里风一吹，玉片就互相碰撞，声音听起来跟竹子发出的没什么区别。

顾恺之[1]为虎头将军[2]，每啖蔗[3]，自尾至本[4]。或问之，曰：“渐入佳境。”[5]

注释

〔1〕顾恺（kǎi）之：字长康，晋陵无锡（今江苏省无锡市）人，东晋时期著名的画家和文士，代表作有《洛神赋图》《女史箴图》等。

〔2〕虎头将军：顾恺之的小名叫虎头，他曾经担任过“参军”（参谋军事的长官）一职，所以人称虎头将军。

〔3〕蔗（zhè）：甘蔗，禾本科甘蔗属高大实心草本植物，茎干粗壮发达，可高至5米多，内含糖分极高，可用来制糖。甘蔗的整个茎干上都含有糖分，但根部少，中间多，顾恺之吃甘蔗从根部吃起，逐渐吃到中心部位，感觉越来越甜，所以他说“渐入佳境”。

〔4〕本：草木植物的茎干，或其中心的、主要的部分。

〔5〕出处：唐房玄龄等撰《晋书·顾恺之传》。

译文

顾恺之的外号叫虎头将军，他每次吃甘蔗，都从根部吃到中部。有人问他原因，他说：“这叫渐入佳境。”

顾恺之痴信小术，桓元〔1〕尝以一柳叶诒〔2〕之，曰："此蝉翳①〔3〕叶也，以自蔽，人不见。"恺之引叶蔽己，元佯〔4〕眯〔5〕焉。恺之珍之，人谓恺之"痴绝"。〔6〕

校勘

① 翳：原刻《学海类编》本作"緊"，语义难解，此据《晋书》校改。

注释

〔1〕桓元：即桓玄，避清康熙帝讳改，东晋末年著名的权臣，任丞相、大将军，曾逼迫晋安帝禅位给自己，后兵败被杀。

〔2〕诒（dài）：欺诈，蒙骗。

〔3〕翳（yì）：遮蔽，掩盖，藏匿。

〔4〕佯：假装。

〔5〕眯（mí）：沙子、灰尘等进入眼睛。

〔6〕出处：唐房玄龄等撰《晋书·顾恺之传》。

译文

顾恺之迷信法术，桓玄曾经拿着一片柳树叶子骗他，说："这是蝉用来隐藏自己的叶子，你拿它来遮住自己，别人就看不见你了。"顾恺之听信了，就拿过来遮着自己，这时桓玄假装眼睛进了东西看不见他了。于是顾恺之十分珍惜这片叶子，人们都说他真"痴绝"。

谢长裾[1]见凤仙花[2]，谓侍儿曰："吾爱其名也。"因命进叶①公金膏[3]，以麈[4]尾梢染膏洒之，折一朵插倒影三山[5]环侧。明年此花金色不去，至今有斑点，大小不同若洒者，名"倒影花"。[6]

校勘

① 叶：原刻《学海类编》本在"叶"字前衍一"氾"字，现据《花史》《广群芳谱》（清汪灏主编）录文改。

注释

〔1〕谢长裾（jū）：传说中的女仙。成书稍早于《花里活》数年的明林有麟撰《青莲舫琴雅》记载："玄宗（唐玄宗李隆基）宴公远（罗公远，唐代著名的道士）于温泉，公远酒酣，云中下四女侍于其侧，年各十五六，丰姿绝世，一曰陈淑英，一曰苏丽云，一曰韩九华，一曰谢长裾。淑英吹落潮之管，丽云鼓云华之琴，长裾、九华作思玄之舞，舞已，歌倚榭睇云之曲。帝乐甚，霄分辞去，帝命屡留，席上飘风忽起，诸烛尽灭，公远、四女皆不复在矣。"谢长裾的其他事迹还见于元伊世珍《琅嬛记》、明冯梦龙编《情史类略》，可知她是唐以后人们虚构的小说人物，陈诗教将其归于晋代，不知何故。

〔2〕凤仙花：蔷薇亚纲凤仙花科，一年生草本植物，花朵外形像蝴蝶，花色多样，有红、紫、黄、白等，且易变异，极具观赏价值。

〔3〕叶公金膏：古人虚构的一种仙药的名称。

〔4〕麈（zhǔ）：古书上指麋、鹿一类动物的尾巴，常用以制作拂尘。

〔5〕倒影三山：仙山，古人虚构的谢长裾住处的名称。

〔6〕出处：未详。与《花里活》时代相近之《花史》（明王路辑，又名《花史左编》）亦录。

译文

谢长裾看到凤仙花，对使女说："我真喜欢它的名字。"于是命令随从奉上叶公金膏，用拂尘的尾梢沾上金膏洒在凤仙花上，并且折了一朵插在倒影三山的周围。第二年这株花开了之后，金色还没有褪去，现在凤仙花有些品种还有这样的斑点，斑点的大小不一，好像药水洒上去的样子，名叫"倒影花"。

〔宋〕惠　崇

〔清〕董　诰

晋僧法潜[1]隐剡山[2]，或问胜友[3]为谁，乃指松曰："此苍颜叟[4]也。"[5]

注释

〔1〕法潜：晋代高僧，俗家姓王，琅琊（láng yá）（今山东东南部的古地名）人，东晋丞相王敦的弟弟。十八岁出家，隐于剡山修行，享寿八十九岁。

〔2〕剡（shàn）山：在浙江省嵊县（现改名嵊州市）西北，相传秦始皇东游，使人凿此山以泄王气。

〔3〕胜友：益友，挚友，十分亲密要好的朋友。

〔4〕苍颜叟（sǒu）：深青色面容的老头，指松树虽老，却四季常青。

〔5〕出处：元阴时夫《韵府群玉》。

译文

晋代僧人法潜曾经隐居在剡山，有人问他好朋友是谁，他就指着松树说："这个面色青翠的老头就是。"

庾杲之[1]清贫，食惟有韭菹[2]、瀹韭[3]、生韭杂菜。任昉[4]戏之曰："谁谓庾郎贫，常食二十七种。"[5]

按[6]，魏李崇[7]为尚书令，家富而俭，食常无肉，止有韭茹[8]、韭菹。李元佑[9]谓人曰："李令公一食十八种。"意与此同。

注释

〔1〕庾（yǔ）杲（gǎo）之：字景行，新野（今河南省南阳市新野县）人，南朝齐时官员，曾任中书郎、尚书左丞、御史中丞等职。

〔2〕韭菹（zū）：腌制的酸韭菜。"韭"（jiǔ）谐音"九"，庾杲之吃三道不同做法的韭菜，三九二十七，所以任昉说他吃二十七道菜。

〔3〕瀹（yuè）韭：煮熟的韭菜。

〔4〕任昉（fǎng）：字彦升，乐安郡博昌（今山东省寿光市）人，南朝齐梁时期著名的文学家、藏书家。

〔5〕出处：唐李延寿撰《南史·庾杲之传》。

〔6〕按：这里的按语出自南北朝杨衒（一作"炫"）之《洛阳伽（qié）蓝记》。

〔7〕李崇：字继长，黎阳郡顿丘（今河南省浚县）人，北魏的外戚，袭爵陈留郡公，官至镇西大将军、尚书令（职权相当于宰相）。

〔8〕茹（rú）：蔬菜的总称。

〔9〕李元佑：李崇的门客，生平事迹不详。

译文

庾杲之生活得很清贫，菜食只有腌韭菜、煮韭菜、生韭菜等。任昉跟他开玩笑说："谁说庾杲之贫困啊，他日常吃的菜有二十七种呢。"

编者按，北魏时的尚书令李崇，家里很富有却过得节俭，吃饭常常是没有肉菜的，只有新鲜韭菜和腌制的酸韭菜。李元佑对别人说："李相公一顿饭吃十八种菜。"诙谐的语意和上面的故事相同。

杨隐之[1]女有仙术，与父争衡[2]。隐之以土撚[3]作小丸，散土中即生梧桐[4]数株，枝叶青葱。女以素绫[5]剪小鱼，一沾水即跃去。共为笑乐，忘其贫约[6]。[7]

注释

〔1〕杨隐之：中晚唐时期的修道之人，唐段成式《酉阳杂俎》有记载，陈诗教将他的故事归于晋代，不知何故。

〔2〕争衡：一较高下，争强斗胜。

〔3〕撚（niǎn）：同“捻”，用手搓捏。

〔4〕梧桐：锦葵目梧桐属的一种落叶乔木，树高 15 ~ 20 米，树干粗壮，绿叶阔大，生长较快，能活百年以上。

〔5〕素绫：素，白色；绫，一种细薄而有花纹的丝织品。

〔6〕贫约：贫苦，穷困，《左传 · 昭公十年》：“国之贫约孤寡者，私与之粟。”

〔7〕出处：元伊世珍《琅嬛记》引佚名《文苑真珠》。

译文

杨隐之的女儿也有仙术，曾经和父亲比赛。杨隐之把土搓成小丸子，播散在地上，马上就长出几棵梧桐树，枝叶青翠。杨隐之的女儿把白绫布剪成小鱼的样子，一丢进水里鱼就活了，翻腾而去。他们在一起谈笑作乐，忘记了生活的窘迫。

庾太尉亮[1]见陶公侃[2]，陶公雅相赏重。陶性俭吝，及食噉薤①[3]，庾因留白，陶问："用此何为？"庾云："故可种。"于是大叹："庾非惟风流，兼有治实。"[4]

校勘

① 薤：原刻《学海类编》本作"韭"，误，现据《世说新语》改。

注释

〔1〕庾太尉亮：即庾亮，字元规，颍川鄢陵（今河南省鄢陵县）人，东晋时期外戚、权臣、名士，死后获赠太尉，谥(shì)号文康。庾亮长相俊美，《世说新语》记载陶侃初次见到庾亮的情景说："庾风姿神貌，陶一见便改观，谈宴竟日，爱重顿至。"

〔2〕陶公侃（kǎn）：即陶侃，字士行（一作士衡），东晋时期名将，曾任侍中、太尉，职权相当于宰相。

〔3〕薤（xiè）：一种百合科葱属植物，又名藠（jiào）头，地下有白色鳞茎，香嫩软糯，可以食用。成熟的藠头鳞茎洁白晶莹，可用作扦插繁殖，所以庾亮说"留白"做种。

〔4〕出处：南朝宋刘义庆《世说新语》。

译文

庾亮去拜见陶侃，陶侃见他风度翩翩很是欣赏。陶侃的性格比较节俭吝啬，吃饭时招待庾亮吃藠头，庾亮顺手留下一些，陶侃问他："拿这个干什么啊？"庾亮说："还可以再种嘛。"陶侃因此大为赞叹，说："庾亮这个人啊，不仅风流洒脱，而且有务实的作风。"

陆士衡[1]诣王武子[2]，武子有数斛[3]羊酪[4]，指以示陆，曰："卿东吴何以敌此？"陆曰："千里莼羹[5]，但未下盐豉[6]耳。"[7]

注释

〔1〕陆士衡：即陆机，字士衡，吴郡吴县（今江苏省苏州市）人，西晋著名文学家、书法家。陆机是由吴入晋的人，所以王济对他说"你们东吴"。

〔2〕王武子：即王济，前文已注。

〔3〕斛（hú）：古代的容量单位，十斗为一斛，十升为一斗。

〔4〕羊酪（lào）：用羊奶制作的奶酪。

〔5〕莼羹（chún gēng）：用莼菜制作的汤羹。莼菜，一种睡莲科莼属多年生宿根草本植物，浮生于水面，太湖流域多产，茎和叶片背面有黏液，可以食用，做成汤羹，爽滑适口。

〔6〕豉（chǐ）：用熟的黄豆经过发酵后制成的食品，类似现在的豆瓣酱。

〔7〕出处：东晋郭澄之《郭子》。

译文

陆机去拜会王济，王济家里有几大盆羊奶酪，他指着展示给陆机说："你们东吴有什么食物可以跟它匹敌吗？"陆机说："我东吴千里江湖出产的莼羹，不加咸豆酱调味就可与之相比。"

王敦[1]初尚[2]主，如厕，见漆箱盛干枣，本以塞鼻，王谓厕上亦下果，食遂至尽，群婢莫不掩口而笑之。[3]

注释

〔1〕王敦：字处仲，出身于琅琊王氏，是东晋丞相王导的堂兄，曾与王导一起帮助司马睿建立了东晋政权，娶晋武帝司马炎的女儿襄城公主为妻，加爵武昌郡公，后任丞相，位高权重，司马睿驾崩前一年发动兵变，最终失败，王敦也在兵乱期间去世。

〔2〕尚：动词，娶帝王之女为妻称尚。

〔3〕出处：南朝宋刘义庆《世说新语》。

译文

王敦刚刚和公主结婚的时候，上厕所时看到厕所的漆箱里盛有干枣，本来是用来塞鼻子的，王敦心说“想不到厕所里也提供果品”，于是把枣子全吃完了，家里的婢女都捂着嘴巴笑他。

魏夫人[1]弟子善种花，号“花姑”。[2]

注释

〔1〕魏夫人：名魏华存，是西晋大臣魏舒的女儿，自幼喜读老庄，后修行道术，成为道教上清派的一代宗师。

〔2〕出处：宋张宗诲《花木录》。

译文

魏夫人有一个徒弟善于种花，人们称呼她为“花姑”。

王甲[1]从北来诣谢公[2]，公问："北方何果最胜？"答云："桑椹[3]最佳。"公问："可比江南何果？"甲云："是黄柑[4]之流。"公曰："君乃尔[5]妄语。"甲不欲受妄语之名，乃买骏马，俟[6]熟时，驰取数十枚奉公，公食之以为美，语[7]甲曰："此味江东[8]所无，君何仅比黄柑？"[9]

注释

〔1〕王甲：生平事迹不详。

〔2〕谢公：即谢安，字安石，陈郡阳夏（今河南省太康县）人，东晋著名政治家，官至司徒、侍中（职权相当于宰相），死后追赠太傅、庐陵郡公，谥号文靖。

〔3〕桑椹（shèn）：桑树的成熟果实，呈长圆形，暗红色、紫红色，汁多味甜，可当作水果，亦可入药。

〔4〕黄柑：芸香科柑橘属的一种，外形长得像橘子。

〔5〕乃尔：如此这般。

〔6〕俟（sì）：等待，等到。

〔7〕语（yù）：告诉。

〔8〕江东：古时指长江下游的南岸地区，长江从芜湖至南京一段是由西南流向东北的，所以秦汉以来，泛指长江这一段的南岸地区为"江东"。

〔9〕出处：宋李昉等编《太平御览》引《世说》。按，今本《世说新语》不存。

译文

王甲从北方来拜见谢安，谢安问他："北方什么水果最好吃？"王甲回答说："桑椹最好。"谢公接着问："可以跟江南地区的什么水果类比呢？"王甲答道："跟黄柑差不多吧。"谢公说："你怎么能这样说假话。"王甲不愿意被谢公认为自己说谎，就买了骏马，等到桑椹成熟的时候摘取了几十颗，飞奔回献给谢公，谢公吃了觉得很美味，对王甲说："这种美味江南地区没有啊，你怎么仅仅将它比作黄柑呢？"

陆纳[1]为吴兴[2]太守时，卫将军谢安常欲诣纳。纳兄子俶[3]，怪纳无所备，不敢问，乃私蓄数十人馔[4]。安既至，所设惟茶果而已。俶遂陈盛馔，珍羞必具。及安去，纳杖俶四十，云："汝既不能光益叔父，奈何秽我素业[5]？"[6]

注释

〔1〕陆纳：字祖言，吴郡吴县（今江苏省苏州市）人，东晋官员，曾任镇军大将军、尚书吏部郎等职。

〔2〕吴兴：吴兴郡，三国时吴国设置，治所在乌程（今浙江省湖州市南）。

〔3〕俶（chù）：陆俶，陆纳的侄子。

〔4〕馔（zhuàn）：准备食物，制作饭菜。

〔5〕素业：素，非肉类的食品，与"荤"相对，茶水和果品都是素食，当时的古人认为用素食招待客人能表露自己的清廉，所以陆纳说"素业"。

〔6〕出处：唐房玄龄等撰《晋书·陆纳传》。

译文

陆纳担任吴兴太守时，卫将军谢安常常想去拜会他。陆纳哥哥的儿子陆俶暗自埋怨陆纳准备不足，却又不敢询问，就私下里雇佣了几十人准备饭食。谢安到了陆家，招待他的只有茶水、果品而已。这时陆俶就摆上了精美的食品，各种珍奇名贵的食材都有。等到谢安离开后，陆纳打了陆俶四十板子，说："你既然不能发扬我的品行，又为什么要玷污我以茶待客的清高行为呢？"

〔明〕唐　寅

王逸少[1]居山阴[2]，或默数花须[3]，摘捻咀嗅，怡然自若。[4]

注释

〔1〕王逸少：即王羲之，字逸少，东晋时期著名的书法家，有“书圣”之称。

〔2〕山阴：古地名，今属浙江省绍兴市。

〔3〕花须：指花蕊。花蕊的蕊丝好像人的胡须，所以称为花须。

〔4〕出处：宋刊《分门集注杜工部诗》伪苏注，见《陪李金吾花下饮》诗文下注。伪苏注的来历前文已详。

译文

王羲之居住在山阴，有时默默数着花蕊的个数，还摘下来用手指捻压，放进嘴里咀嚼，闻它的味道，显得安闲和自在。

张荐[1]隐居颐志[2]，家有苦竹数十顷[3]，张于竹中为屋，常居其中。王右军[4]闻而造[5]之，张逃避竹中，不与相见，一郡号为“竹中高士”。[6]

注释

〔1〕张荐：东晋乐成县的居民。乐成县属于永嘉郡，在今浙江温州地区。

〔2〕颐志：养志，涵养自己高尚的心志。

〔3〕顷：古代田地面积单位，一顷等于一百亩，一亩约等于 667 平方米。

〔4〕王右军：即王羲之，他曾领受“右将军”的官职，所以世称王右军。

〔5〕造：到某地去，造访，拜访。

〔6〕出处：南朝宋《永嘉郡记》，或作佚名，或题郑缉之撰，又作郑辑之。

译文

张荐想隐居起来修养自己的心志。他家中有几十顷苦竹林，张荐在竹林里盖了房子，平时就住在里面。王羲之听说了张荐的事迹想要拜访他，他却躲避在竹林里，不跟王羲之见面，整个郡的人们知道后都称张荐为“竹中高士”。

王子猷〔1〕尝暂寄人空宅住，便令种竹，或问："暂住何烦尔？"王啸咏〔2〕良久，直指竹曰："何可一日无此君〔3〕？"又尝行过吴中〔4〕，见一士大夫家极有好竹。主①已知子猷当往，乃洒扫施设，在听事〔5〕坐相待。王肩舆〔6〕径造竹下，讽啸良久。主已失望，犹冀〔7〕还当通，遂直欲出门，主人大不堪〔8〕，便令左右〔9〕闭门不听〔10〕出。王更以此赏主人，乃留坐，尽欢而去。〔11〕

校勘

① 主：原刻《学海类编》本作"至"，显是形近而误，《丛书集成初编》本已改，现据《世说新语》改。

注释

〔1〕王子猷（yóu）：即王徽（huī）之，字子猷，东晋名士、书法家，王羲之的第五个儿子。

〔2〕啸（xiào）咏：拖长了声音吟咏诗赋等文学作品。

〔3〕此君：意为"这位先生"，王子猷在这里是把竹子拟人化比作君子了，后世"此君"也成为竹子的代称。

〔4〕吴中：吴县的俗称，原是三国时吴国的都城，今江苏省苏州市吴中区。

〔5〕听事：即厅事、厅堂，原本特指官府的厅堂，后私家宅邸也可称此名。

〔6〕肩舆（yú）：古代一种较为简易的轿子，方箱形，人坐其内，有竹竿架在两边，由役夫肩扛着行走。

〔7〕冀：假借为"觊"（jì），希望，期望。

〔8〕不堪：难以忍受，容忍不了。

〔9〕左右：名词，指站在主人左边和右边的仆人、侍从。

〔10〕听：任凭，听任。

〔11〕出处：南朝宋刘义庆《世说新语》。

〔清〕张　伟

译文

王徽之曾经暂时借住在别人的空房子里，一入住就命令仆人种植竹子，有人问他：“暂时住着，何必要这么麻烦呢？”王徽之咏叹了很久，直指着竹子说：“怎么能够一天没有它呢？”又有一回王徽之经过吴中，看到一位士大夫家里有很好的竹子。那位士大夫已经知道王徽之应当会去他家，于是就打扫屋子、准备饮食，坐在厅堂里等待。王徽之坐着轿子径直来到竹林下，吟咏感叹了好久。士大夫有些失望，但还是希望王徽之返回的时候通过厅堂，谁知他打算直接出门。那位士大夫再也不能忍受了，就下令侍从关上大门不让他出去。王徽之反而因此更加赏识这位士大夫，于是留下来做客，宾主尽欢后才离去。

戴颙①[1]春游，携双柑斗酒[2]，人问："何之[3]？"曰："往听黄鹂声，此俗耳鍼砭[4]，诗肠鼓吹[5]，汝知之乎？"[6]

校勘

① 颙：原刻《学海类编》本作"顒"，乃避清嘉庆帝讳改，现据《云仙杂记》《南史·戴颙传》改回。

注释

〔1〕戴颙（yóng）：字仲若，祖籍谯郡铚县（今属安徽省宿州市），东晋末至南朝初年著名的琴师、文学家、隐士，曾在今浙江绍兴、太湖、江苏镇江一带隐居。

〔2〕斗（dǒu）酒：一斗酒，约 10 千克酒。

〔3〕之：动词，往，到，去。

〔4〕俗耳鍼（zhēn）砭：俗耳指常听庸俗的、大众化的、不高雅的音乐的耳朵。"鍼"同"针"，针砭是中医里一种以石针刺激穴道、经脉的治疗方法。俗耳针砭的意思就是要用针砭的手段治疗俗耳，使之不再庸俗，求得高雅。

〔5〕诗肠鼓吹：诗肠的直译是"孕育诗歌的肚肠"，意为诗思、诗情，就是创作诗歌的灵感。"鼓"是打击乐，"吹"是管乐，鼓吹泛指音乐。诗肠鼓吹的意思是希望通过聆听美妙的音乐来激发诗人的创作灵感。这里美妙的音乐指的是上文黄鹂鸟的鸣叫声。

〔6〕出处：唐冯贽《云仙杂记》引佚名《高隐外书》。

译文

戴颙出去春游，携带着两个橘子、一斗酒，别人问他："上哪儿去呀？"他回答："去听黄鹂的叫声，那叫声悦耳动听好像音乐一样，可以治疗庸俗的耳朵，可以引发写诗的兴趣，你知道吗？"

孙德琏[1]镇郢①州，合十余船为大舫[2]，于中立亭池，植荷芰[3]。良辰美景，宾僚并集，泛长江而置酒，一时称为胜赏。[4]

校勘

① 郢（yǐng）：原刻《学海类编》本作“鄞”（yín），此据《陈书 · 孙玚传》《南史 · 孙玚传》改。

注释

〔1〕孙德琏（liǎn）：即孙玚（chàng），字德琏，吴郡（今江苏省苏州市）人，后迁居郢州（治所在今湖北省武汉市武昌区），南朝陈将领，官至度支尚书、祠部尚书。陈诗教将其事归于晋代，失察。

〔2〕舫（fǎng）：古人称互相连接起来的船为舫。

〔3〕荷芰（jì）：荷花。

〔4〕出处：唐姚思廉《陈书 · 孙玚传》。

译文

孙玚在镇守郢州的时候，把十多条船合并连接成一条大船，在上面建造了亭台池塘，种植了荷花。在美好的时光里，看着宜人的景色，孙玚与他的宾客、僚属聚在一起，泛舟在长江之中一起喝酒，当时人们都称赞这是优美的景象。

郭文[1]在山间有石榴[2]、杨梅[3]等花[4]，为樵牧[5]所伤，殆[6]甚。郭卖簪沽酒以浇之，人问其故，曰："为二子洗疮[7]止痛。"[8]

注释

〔1〕郭文：字文举，晋代河内郡轵县（今河南省济源市轵城镇）人，当时著名的隐士。

〔2〕石榴：桃金娘目石榴属的一种落叶乔木，开红花，呈钟形，结浆果，种子极多，是较为常见的水果，果熟期为 9 月至 10 月。

〔3〕杨梅：杨梅科杨梅属的一种常绿乔木，开暗红色的穗状花，雌雄异株，结球状果实，鲜美多汁，味道酸甜。

〔4〕花：原意指植物的繁殖器官花朵，后可作为观赏植物的泛称。

〔5〕樵牧：打柴、放牧的人。

〔6〕殆（dài）：危急，这里形容树木受损较重。

〔7〕疮（chuāng）：皮肤上肿烂、溃疡的地方。

〔8〕出处：唐冯贽《云仙杂记》引佚名《芳贤传》。

译文

郭文在山间种植了石榴、杨梅等植物，被砍柴或放牧的人损伤了，伤得很严重。郭文卖了簪子打酒来浇灌它们，别人问他这样做的原因，他说："我这是给我的两个小家伙清洗疮口止痛呢。"

〔清〕郎世宁

侍中元义[1]为萧正德[2]设茗，先问：“卿于水厄[3]多少？”正德不晓义意，答：“下官虽生水乡，立身以来，未遭阳侯之难[4]。”举坐大笑。[5]

按[6]，晋王濛[7]好饮茶，人至，辄命饮之，士大夫皆患[8]之，每欲往候，必云“今日有水厄”。

注释

〔1〕元乂（yì）：别称元叉，字伯儁，小字夜叉，南北朝时北魏的皇族后裔、权臣，妻子是北魏孝明帝元诩的生母胡太后的妹妹。他曾任骠骑大将军、尚书令、侍中等官职，一时权倾朝野，后因弄权干政，被废为平民，赐死于家中。陈诗教将他的故事归于晋代，失察。

〔2〕萧正德：字公和，南北朝时期萧梁皇室后代，曾被梁武帝萧衍收为养子，在梁武帝的亲生子萧统出生后，失去了成为太子的可能，于是投奔北魏，之后又返回梁国，在梁武帝驾崩后自立为帝，旋即被叛将侯景斩杀。梁国的疆域主要在长江以南，所以萧正德说自己生在水乡。

〔3〕水厄（è）：与水有关的灾难，本义是指溺亡、淹死，后又指喝茶过多的痛苦。

〔4〕阳侯之难：指水灾、洪灾。阳侯是上古商周之交陵阳国的国君，因溺水而死，阳侯之难就是指人遭受水害。汉刘安等撰《淮南子·览冥训》记载：“武王伐纣，渡于孟津，阳侯之波，逆流而击。”此处文后注：“阳侯，陵阳国侯也。其国近水，溺死于水，其神为大波，有所伤害，因谓之阳侯之波也。”

〔5〕出处：南北朝杨衒之《洛阳伽蓝记》。

〔6〕按：此条按语出自《世说新语》。

〔7〕王濛：字仲祖，太原晋阳（今山西省太原市）人，晋哀帝司马丕的皇后王穆之的父亲，东晋时期的名士。

〔8〕患：忧虑，害怕，讨厌。

〔明〕项圣谟

译文

侍中元乂招待萧正德喝茶，先问道："您喝茶喝到什么程度会有'水厄'的感觉呢？"萧正德不明白元乂的意思，就回答："下官虽然生长在南国水乡，可这辈子还未曾遭受过水灾。"所有在座的人都大笑起来。

陈诗教按，晋代大臣王濛喜好喝茶，客人到了他家，他就命令别人喝茶，士大夫们都厌恶他这种行为，每次想要前去问候王濛的时候，就一定会说"今天又要受茶水的祸害了"。

晋太元[1]中，武陵[2]人捕鱼为业。（渔人姓黄，名道真。）[3]缘溪行，忘路之远近，忽逢桃花林，夹岸数百步，中无杂树，芳草鲜美，落英缤纷，渔人甚异之。复前行，欲穷其林，林尽水源，便得一山。山有小口，髣髴[4]若有光，便舍船从口入。初极狭，才通人，复行数百步，豁然开朗，土地平旷，屋舍俨然，有良田、美池、桑竹之属，阡陌[5]交通，鸡犬相闻。其中往来种作，男女衣着，悉如外人，黄发垂髫[6]，并怡然自乐。见渔人乃大惊，问所从来，具答之，便要[7]还家，设酒杀鸡作食。村中闻有此人，咸来问讯。自云先世避秦时乱，率妻子邑人来此绝境，不复出焉，遂与外人间隔。问今是何世，乃不知有汉，无论魏晋。此人一一为具言所闻，皆叹惋。余人各复延至其家，皆出酒食。停数日，辞去。此中人语云："不足为外人道也。"既出，得其船，便扶向路，处处志之。及郡下，诣太守，说如此，太守即遣人随其往，寻向所志，遂迷，不复得路。南阳刘子骥[8]，高尚士也，闻之欣然亲往，未果，寻病终。后遂无问津者。[9]

注释

〔1〕太元：东晋孝武帝司马曜的年号，使用时间为公元376年至396年。

〔2〕武陵：晋武陵郡，今湖南省西北部武陵山区一带。

〔3〕渔人姓黄，名道真：《花里活》原文中作者注释的小字。

〔4〕髣髴（fǎng fú）：即仿佛。似乎，好像。

〔5〕阡陌（qiān mò）：田间的小路。

〔6〕黄发垂髫（tiáo）：老人和小孩。黄发，古人认为头发变成黄色是长寿的

象征，用来指代老人。垂髫，原意是小孩子头上扎起来的下垂头发，用以指代小孩。

〔7〕要（yāo）：同“邀”，邀请。

〔8〕南阳刘子骥：南阳，晋南阳郡，今河南省邓州市附近。刘子骥，名刘驎之，字子骥，当时著名的隐士，相传是陶渊明的远房亲戚。

〔9〕出处：晋陶渊明《桃花源诗序》，现称《桃花源记》。

译文

东晋太元年间，武陵郡有个叫黄道真的人以打鱼为业。一天，他沿着溪水划船，忘记了路程的远近，忽然遇到一片桃花林，生长在溪水两岸，长达几百步，中间没有其他杂树，花草鲜嫩美丽，落花纷纷散在地上，渔夫感到非常奇异。他又继续往前走，想要走到桃树林的尽头。桃林的尽头是溪水的发源地，那里出现了一座山。山上有个小洞口，洞里仿佛有点光亮，于是他丢下了船，从洞口进去了。起初洞口很狭窄，只能通过一个人，又走了几十步，突然变得开阔明亮。那里面是一片平坦宽广的土地，一排排整齐的房舍，还有肥沃的田地、美丽的池沼、桑树竹林之类的。田间小路交错相通，鸡鸣狗叫到处可以听到。人们在田野里来来往往耕种劳作，男女的穿戴跟外面的人完全一样，老人和小孩全都安适愉快，自得其乐。村里的人看到渔夫，感到非常惊讶，问他是从哪儿来的，渔夫回答得很详细。村里人就邀请他到自己家去做客，摆酒、杀鸡做饭来款待他。村里其他人听说来了这么一个人，就都来打听消息。他们自称其祖先为了躲避秦代的战乱，领着妻子、儿女和乡里乡亲来到这个与世隔绝的地方，不再出去，从此跟外面的人断绝了来往。他们问渔夫

〔清〕汪承霈

现在是什么朝代，竟然不知道有过汉朝，更不用说魏晋了。渔夫把自己知道的事一件件详尽地告诉了他们，听完以后，他们都感叹惋惜。其余的人也都请渔夫到自己家中，拿出酒饭来款待他。渔夫停留了几天，告辞离开了。村里的人对他说："不要跟外面的人说啊。"渔夫出来以后，找到了他的船，就顺着旧路回去，处处都做了标记。他到了郡城拜见太守，报告了这件事。太守立即派人跟着他去，寻找以前所做的标记，最后却迷失了方向，再也找不到通往桃花源的路了。南阳人刘子骥是个志向高洁的隐士，听到这件事后高兴地亲自前去寻找，但也没有结果，不久就因病去世了。此后就再也没有问桃花源渡口在哪里的人了。

晋陶潜[1]爱菊，尝对花命酒[2]独酌，吟赏终日。[3]

注释

〔1〕陶潜：字元亮，一字渊明，浔阳柴桑（今江西省九江市）人，现代人通常称呼他为陶渊明。他是东晋时期的大诗人，也是中国第一位田园诗人，被称为“古今隐逸诗人之宗”。

〔2〕命酒：命令仆人摆酒。

〔3〕出处：陈诗教自撰。

译文

晋代的陶渊明喜爱菊花，曾经对着菊花命人摆上酒独自饮用，一整天都在感叹、欣赏菊花。

佛图澄[1]初诣石勒[2]，勒试以道术，澄取钵[3]盛水烧香咒之，须臾[4]钵中生青莲花，光色曜[5]日。[6]

注释

〔1〕佛图澄：晋代的印度人，晋怀帝司马炽在位时前来洛阳传播佛法，自称有一百多岁，能够餐风食气，用咒语指使鬼神。

〔2〕石勒：字世龙，羯（jié）族，上党武乡（今山西省榆社县）人，十六国时期后赵政权的建立者，史称后赵明帝。

〔3〕钵（bō）：钵盂，佛教徒用来洗涤或盛放饭菜的器具，形似小盆。

〔4〕须臾（yú）：转瞬之间，不一会儿。

〔5〕曜（yào）：明亮。

〔6〕出处：南北朝崔鸿《十六国春秋》。

译文

佛图澄初次拜见石勒的时候，石勒试探他的道术，佛图澄就拿来钵盂装了些水，烧香施加咒语，不一会儿钵盂里就长出了青莲花，光彩颜色像太阳那样明亮耀眼。

临安[1]有裴氏姥[2]，采众花酿酒，贫士则施与之。[3]

注释

〔1〕临安：南宋的京城，今浙江省杭州市。

〔2〕姥（mǔ）：老年妇女。

〔3〕出处：宋祝穆《方舆胜览》。

译文

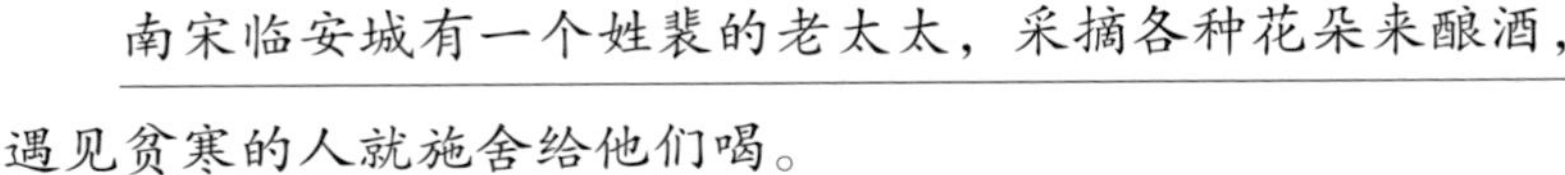

南宋临安城有一个姓裴的老太太，采摘各种花朵来酿酒，遇见贫寒的人就施舍给他们喝。

宗测[1]乐闲静，好松竹，常见日筛[2]竹影上牕[3]，以笔备描之。宗测春游山谷间，见奇花异草则系于带上，归而图其形状，名“聚芳图”“百花带”，人多效之。[4]

注释

〔1〕宗测：南朝齐的一个隐士，字敬微，祖籍河南，隐居在湖北。

〔2〕筛（shāi）：原义指可以过滤细小物体的竹制有孔器具，这里用作动词，指阳光通过竹林的缝隙洒在窗户上。

〔3〕牕（chuāng）：同“窗”，窗户。

〔4〕出处：唐冯贽《云仙杂记》引佚名《常新录》。

译文

宗测爱好闲适安静的环境。他喜欢松竹，经常看见日光透过竹林把影子照在窗户上，就提笔将这一场景描画下来。宗测春天去山谷间游玩，看见奇花异草就摘下来系在自己的衣服带子上，回家就摹画花草的形状，称之为“聚芳图”和“百花带”，很多人都效仿他这样做。

袁粲[1]为丹阳尹[2]，郡南一家有竹石，粲徒步往，亦不通主人，直造竹所，笑咏自得。主人出，笑语欢然。俄而车骑屏至门，方知是袁尹。[3]

注释

〔1〕袁粲：初名愍孙，字景倩，陈郡阳夏（今河南省太康县）人，南朝宋的大臣。

〔2〕丹阳尹（yǐn）：即丹阳郡守，丹阳郡的管辖区域包括今安徽省宣城市、池州市、铜陵市、芜湖市、马鞍山市、黄山市和江苏省南京市，浙江省杭州市、湖州市的全部或部分地区。公元 317 年，东晋开国皇帝司马睿定都建康（今南京市），把丹阳郡长官的名称由郡守改为丹阳尹，成为东晋王朝京畿地区的行政主官，后宋齐梁陈延续了这一设置。

〔3〕出处：唐李延寿撰《南史·袁粲传》。

译文

袁粲做丹阳郡守时，丹阳郡南部有一户人家有竹石景观，袁粲徒步前去，也不通知主人，径直来到竹子生长的地方，笑着观赏、咏叹景物，自得其乐。那户人家的主人出来与他相见，宾主有说有笑很是欢乐。不一会儿官府的车马到了，挡住了主人家的门户，主人家才知道原来他是袁大人。

南北朝

琅琊王肃[1]仕南朝，好茗饮、莼羹，及还北地，又好羊肉、酪浆[2]。人或问之：“茗何如酪？”肃曰：“茗不堪与酪为奴。”[3]

按[4]，王肃喜茗，一饮一斗，人号“漏卮[5]”。

注释

〔1〕王肃：字恭懿，琅琊郡临沂（今山东省临沂市）人，北魏著名大臣，东晋丞相王导的后代。王肃原来在南朝齐做官，因父亲王奂被齐武帝杀害，他离开南朝投奔北魏。

〔2〕酪（lào）浆：就是乳汁，指牛、马、羊等动物的奶水。

〔3〕出处：唐陆羽《茶经》引《后魏录》。北朝杨衒之《洛阳伽蓝记》亦载。

〔4〕按：此条按语出自《洛阳伽蓝记》。

〔5〕漏卮（zhī）：意思是有漏洞的盛酒器，比喻酒量大。卮同“卮”，古代一种盛酒的圆形器皿，容量有四升左右。

译文

琅琊人王肃在南朝做官时，爱好茶水、莼羹，等到他去了北方，又喜欢上了羊肉和鲜奶。有人问他：“茶比起奶来怎么样啊？”王肃说：“茶连给奶做仆从都不配。”

陈诗教按，王肃爱好喝茶，一喝起来就是一斗，人们都叫他“漏卮”。

晋①安王子懋[1]年七岁时，母阮淑媛[2]尝病危笃。请僧行道，有献莲花供佛者，众僧以铜罂[3]盛水，花更鲜。子懋流涕礼佛，誓曰："若使阿姨[4]获祐，愿花竟斋如故。"七日斋毕，花更鲜红，看视罂中，稍有根须。阮病寻差[5]，世称其孝感。[6]

校勘

① 晋：原刻《学海类编》本作"平"，此据《南史》改。

注释

〔1〕子懋（mào）：即萧子懋，字云昌，齐武帝萧赜（zé）第七子，封晋安王。

〔2〕淑媛（shū yuàn）：古代妃嫔的称号，是九嫔之一。

〔3〕罂（yīng）：古代一种器皿，小口而大腹。

〔4〕阿姨：这是萧子懋对庶母的称呼。

〔5〕差（chài）：同"瘥"，指病愈。

〔6〕出处：唐李延寿撰《南史·晋安王传》。

译文

晋安王萧子懋七岁的时候，母亲阮淑媛曾经病重，十分危急。请来了僧人施行道法，有人献上莲花供奉佛祖，僧众们用铜瓶盛水安放，莲花更鲜艳了。萧子懋流着泪礼拜佛祖，发誓说："如果这样能让母亲获得佛祖保佑，希望莲花一直保持斋礼仪式上的样子。"七天斋礼结束后，莲花更鲜红了，查看铜瓶之中，还稍微长出了一些根须。阮淑媛的病不久就痊愈了，世人都说这是萧子懋的孝心感动了佛祖的缘故。

新安王子鸾[1]、豫章王子尚[2]诣昙济上人[3]于八公山[4]，济设茶茗，尚味之曰："此甘露也，何言茶茗？"[5]

注释

〔1〕子鸾：即刘子鸾，字孝羽，南朝宋孝武帝刘骏第八子，封新安王。

〔2〕子尚：即刘子尚，字孝师，南朝宋孝武帝刘骏次子，封豫章王。

〔3〕上人：对僧人的尊称。

〔4〕八公山：位于安徽省境内，大部分在今安徽省淮南市八公山区。

〔5〕出处：唐陆羽《茶经》引《宋录》。

译文

新安王刘子鸾、豫章王刘子尚去八公山拜访昙济大师，昙济和尚摆上了茶水招待两位王爷，刘子尚品味了茶水的滋味后说："这是甘甜的雨露啊，为什么说是茶呢？"

武帝女寿阳公主[1]，人日[2]卧于含章殿檐下，梅花落公主额上，成五出之花，拂之不去，宫中效之，作梅花妆。[3]

注释

〔1〕寿阳公主：南朝宋武帝刘裕的女儿，名号不见于正史。

〔2〕人日：农历正月初七。

〔3〕出处：唐白居易《白氏六帖事类集》。

译文

宋武帝的女儿寿阳公主，人日的时候躺卧在含章殿房檐下休息，有梅花落在她的额头上，变成五瓣的花印，用手抹不掉了，宫里的宫女们都效仿公主的样子，形成了像梅花一样的化妆样式。

沈道虔[1]，有盗屋后笋者，令人止之，曰："惜此笋，欲成林，更有佳者相与。"乃令人买大笋送与之。[2]

注释

［1］沈道虔（qián）：南朝宋的知名隐士，吴兴郡武康县（今浙江省湖州市德清县）人。

［2］出处：唐李延寿撰《南史·沈道虔传》。

译文

沈道虔碰见有人偷他屋后竹笋，就命令人前去制止，说："我舍不得这些笋，想让它长大形成竹林，（你别偷拿了），我送点更好的给你。"于是让人买更大的竹笋送给偷笋的人。

武帝[1]植蜀柳数株于灵和殿，赏玩咨嗟[2]曰："此杨柳风流可爱，似张绪[3]当年。"[4]

注释

［1］武帝：指南朝齐武帝萧赜。

［2］咨嗟（zī jiē）：叹息，感叹。

［3］张绪：字思曼，南朝齐大臣，为人谈吐风流，深得齐武帝重视。齐武帝在这里对杨柳的评价，是将杨柳的"风流"（风吹过柳枝流动摇摆的姿态）与人的风流联系了起来，一语双关。

［4］出处：唐李延寿撰《南史·张绪传》。

译文

齐武帝在灵和殿种植了几棵从四川来的柳树，观赏后感叹："这个杨柳啊，风流可爱的样子跟当年的张绪一样。"

竟陵王子良[1]，善立胜事，夏月客游至，为设瓜饮及甘果。[2]

注释

〔1〕子良：即萧子良，字云英，齐武帝萧赜次子，受封竟陵郡王。

〔2〕出处：唐李延寿撰《南史·萧子良传》。

译文

竟陵王萧子良善于做一些美好的事情，夏天有客人到家中拜访，他就为客人提供用瓜制成的饮料和香甜的果子。

皮蕃[1]去北，而后来鄱阳[2]，食竹笋，曰："三年不见羊角[3]，哀矣。"[4]

注释

〔1〕皮蕃（fán）：人名，名号不见于正史，未详何人。

〔2〕鄱（pó）阳：地名，今江西省鄱阳县。

〔3〕羊角：羊的角，外形像剥了皮的竹笋。北方游牧民族活动区多羊，皮蕃离开北方，看见竹笋联想到了羊角，实际上是思念故乡了。

〔4〕出处：唐冯贽《云仙杂记》引《叩头录》。

译文

皮蕃离开北方，之后到了鄱阳，吃到竹笋，叹息道："三年没有见到羊角了，真是心痛啊。"

〔五代〕黄居寀

范云[1]使魏[2]，魏使李彪[3]为设甘蔗、黄甘[4]，随尽复益[①]。彪笑谓曰："范散骑小复俭之，一尽不可复得。"[5]

校勘

① 随尽复益：原刻《学海类编》本作"（范）云随尽绝益"，语意不通，此据《南史》改。

注释

〔1〕范云：字彦龙，南乡舞阴（今河南省泌阳县）人，南朝齐梁间官吏、文学家。范云曾经担任皇帝的侍从"散骑（sǎn jì）常侍"的官职，所以下文李彪称呼他为范散骑。

〔2〕魏：指南北朝时期的北魏政权。

〔3〕李彪：字道固，顿丘卫国（今河南省清丰县）人，北魏大臣。

〔4〕黄甘：即黄柑，柑橘类水果，当地特产。

〔5〕出处：唐李延寿撰《南史·范云传》。

译文

范云出使北魏，魏国派大臣李彪为范云准备好了甘蔗、黄柑等食物，范云吃完的时候又给他添上。李彪笑着对范云说："范大人稍稍节俭一些吧，这回吃完了可没得再添啦。"

〔清〕金 农

齐博陵君豹[1]园中杂树森列，或有折其桐枝者，曰："何为伤我凤条[2]？"[3]

注释

〔1〕齐博陵君豹：指北齐时博陵郡（治所在今河北省衡水市安平县）的太守房豹，字仲干，北齐灭亡后他面对北周的征召固辞不受，回归故里，修筑园林，躬耕自养，终老于家。

〔2〕凤条：属于凤凰的枝条，凤凰是中国神话传说中的百鸟之王，《庄子》书中说凤凰"非梧桐不止"，就是说凤凰只栖息在梧桐树上，因为有这个典故，所以房豹称梧桐树枝为"凤条"。

〔3〕出处：唐段成式《酉阳杂俎》。

译文

北齐博陵太守房豹的园林里有很多树木并列耸立，有人攀折了其中的梧桐树枝，房豹就说："为什么要弄伤我这属于凤凰的枝条呢？"

汝南周颙①[1]，隐居钟山[2]，长斋蔬食，王俭[3]谓之曰："卿在山中何所啖食？"答曰："赤米白盐，绿葵紫蓼[4]。"又曰："菜何者最美？"颙曰："春初早韭，秋末晚菘[5]。"[6]

按[7]，"秋末"或作"夏暮"，为答文惠太子[8]问。

校勘

① 颙：原刻《学海类编》本作"顒"，乃避清嘉庆帝讳改，现据《南齐书》改回。

注释

〔1〕周颙：字彦伦，汝南（今河南省驻马店市东部）人，南朝宋齐间的文学家、官吏。

〔2〕钟山：历史文化名山，位于南京城东，有"钟山龙蟠"的美誉，今钟山风景名胜区为国家 5A 级旅游景区。

〔3〕王俭：字仲宝，南朝齐大臣、文学家、目录学家，东晋丞相王导之后，是宋明帝之女阳羡公主的驸马。

〔4〕绿葵紫蓼（liǎo）：葵，即葵菜，二年生草本植物，民间称冬苋菜或滑滑菜，鲜叶可食，根、花、种子均入药。蓼，即水蓼，一年生草本植物，开紫红色的花，种子黑紫色，茎叶味辛辣，古人常用来调味。

〔5〕菘（sōng）：菘菜，即白菜。

〔6〕出处：南朝梁萧子显撰《南齐书·周颙传》。

〔7〕按：根据《南齐书》原文，“菜何者最美”是文惠太子向周颙提的问题。

〔8〕文惠太子：即萧长懋，字云乔，齐武帝萧赜长子，他先于齐武帝去世，没能继承皇位。

译文

汝南人周颙在钟山隐居，长时间以蔬菜为食，王俭对他说：“您在山里边吃些什么呢？”周颙回答：“红色的米，白色的盐，绿色的葵菜，紫色的水蓼。”又问：“什么菜最美味呢？”周颙说：“初春的韭菜，秋末的白菜。”

陈诗教按，“秋末”有的文献写作“夏暮”，这一句是周颙回答文惠太子提问的。

〔宋〕刘松年

何逊[1]为梁法曹水部员外郎[2]，杨州[3]廨宇[4]有梅盛开，逊常吟咏其下。后居洛阳，思梅不得，请再任杨州，从之。既至，适花盛发，大开东阁，延文字，啸傲终日。[5]

注释

〔1〕何逊：字仲言，东海郯县（今山东省兰陵县）人，南朝梁代诗人，官至尚书水部郎（尚书省水部司的长官）。

〔2〕法曹水部员外郎：法曹，负责邮驿事务的官员。水部员外郎，负责有关航道、水利事务的职官名，是尚书省水部司的次官，归尚书水部郎领导。

〔3〕杨州：即扬州，隋唐以前人们不严格区分“杨”“扬”两个字，常有混用的情况。

〔4〕廨（xiè）宇：官衙的屋舍。

〔5〕出处：宋人假托苏轼之名所撰《老杜事实》，是杜甫诗的伪注本之一。杜甫诗《和裴迪登蜀州东亭送客逢早梅相忆见寄》有两句“东阁官梅动诗兴，还如何逊在扬州”，宋人托名苏轼的《老杜事实》引何逊《咏早梅》诗为之作注，并虚构了何逊在扬州赏梅的故事。

译文

何逊在做梁国负责水利事务的官员时，扬州的官衙里有梅花盛开，何逊常常在梅花树下观赏吟咏。后来他住在洛阳，想念梅花却不得相见，就请求朝廷再次任命自己去扬州做官，朝廷听从了他的意见。抵达扬州的时候，刚好遇到梅花盛开，何逊就把东边阁楼的门户大开，创作文学作品，一整天都在放歌长啸，傲然自得。

〔南宋〕李　迪

梁使与魏使各言方物[1]。陈昭[2]问曰："葡萄味何如橘柚？"庾信[3]曰："津液[4]奇胜，芬芳减之。"尉瑾[5]曰："金衣素里[6]，见包作贡[7]，向齿自消，良应不及。"[8]

按，《焦氏类林》[9]引载此条，姓氏失实，今悉正之。

注释

〔1〕方物：地方物产、特产。

〔2〕陈昭：南朝梁陈间义兴国山（今江苏省宜兴市）人，梁朝名将陈庆之的儿子，袭爵永兴侯。

〔3〕庾信：字子山，北周诗人、骈文家，祖籍南阳新野（今属河南），原仕梁，后因侯景之乱（梁将领侯景发动的武装叛乱事件）入北地，历仕西魏、北周。由于庾信有南北两地的生活经历，所以他能够用言简意赅的语言指出南方物产葡萄和北方物产橘柚的不同。

〔4〕津液：这里指唾液、口水。中医也用津液泛指人体的血液、汗液、泪液、唾液等所有体液。

〔5〕尉瑾：字安仁，由北齐入北周的大臣，官至吏部尚书、尚书右仆射。

〔6〕金衣素里：金色的外衣，洁白的内里。橘子的表皮金黄，所以称金衣，剥皮后露出内部的果皮为白色，所以说素里。

〔7〕见包作贡：《尚书·禹贡》有言"厥包橘柚，锡贡"，意为将橘柚包裹起来进贡给天子。橘柚质地柔软，瓤瓣肉厚水多，极易碰撞损坏，所以要包裹防护起来进贡。"见包作贡"意为看到包裹，就知道这些橘柚要上贡给皇帝了。

〔8〕出处：北齐阳玠松《谈薮》，书名或作《八代谈薮》。

〔9〕《焦氏类林》：明代焦竑（hóng）编辑的笔记小说，初刻于万历十五年（1587）。这本书记录的该条目人物名是徐君房和陈昭，所以陈诗教说它失实。

〔宋〕佚　名

译文

梁国和魏国的使臣各自谈论当地的物产。陈昭问道："葡萄的滋味比起橘柚来怎么样呢？"庾信说："葡萄吃到嘴里产生的口水比橘柚多，但是芬芳的气味比橘柚少。"尉瑾说："橘柚是金色的外衣，洁白的内里，以前是进贡给天子的东西，它的果肉入口即化，葡萄真是比不上它啊。"

陈诗教按，《焦氏类林》这本书也记载了这一条目，但是姓名失实，现在我都改正过来了。

傅大士[1]自往蒙顶[2]结庵[3]种茶，凡三年，得绝佳者，号“圣杨花”“吉祥蕊”，各五斤，持归供献。[4]

注释

[1] 傅大士：姓傅，名弘，一名翕，字玄风，东阳郡乌伤县（今浙江省义乌市）人，南朝梁陈间在家佛徒，亦作“傅大师”，自称“双林树下当来解脱善慧大师”，后人或称“双林大士”“善慧大士”，世称还有“无垢大士”“鱼行大士”“东阳居士”“乌伤居士”等。《楞伽师资记》记载他主张通过“守一不移，修身审观，以身为本”来“明见佛性”，其思想主张在禅宗中有重要影响。

[2] 蒙顶：即蒙顶山，位于今四川省雅安市境内，自古就是著名的产茶地。

[3] 庵：圆顶的茅草屋。

[4] 出处：宋陶谷《清异录》。

译文

傅大士自行前往蒙顶山盖茅屋种茶，在那里三年，得到了特别好的茶，名为“圣杨花”“吉祥蕊”，各有五斤，拿着回家供献给佛祖。

梁豫州（一作荆州）[1]掾属[2]以双陆[3]赌金钱，金钱尽，以金钱花[4]相足，鱼洪[5]谓：“得花胜得钱。”[6]

注释

〔1〕括号内楷体字是《花里活》原文中的小字。《酉阳杂俎》里写作“荆州”，荆州位于湖北省。

〔2〕掾（chuán）属：官衙中管理日常事务的官吏，属于辅佐长官的性质。

〔3〕双陆：古代的一种棋类竞赛游戏，赛盘上两边各有十二格，双方各拿十五枚黑色或白色的棋子放在自己这边，比赛时按掷骰子的点数行走，先把全部棋子都走到对方区域者获胜。

〔4〕金钱花：菊科夏菊属金钱花种的草本植物，开扁圆形头状花序，直径 3~4 厘米，外形像古代的圆形方孔钱。

〔5〕鱼洪：即鱼弘，避清乾隆帝讳改，南朝梁著名的贪官，他曾经对别人说自己做太守时当地有四尽，即“水中鱼鳖尽，山中獐鹿尽，田中米谷尽，村里民庶尽”。

〔6〕出处：唐段成式《酉阳杂俎》。

译文

梁代荆州地区一个小官用双陆棋赌钱输了，就用金钱花代替补足，当地的太守鱼弘（知道了这件事后）评论说：“赢得了花胜过赢得了钱呢。”

南朝栖霞寺[1]大郎法师，每谈论，手执松枝以为谈柄[2]。尝令弟子采榆荚[3]诣瑕邱[4]市易，皆化为金钱。[5]

注释

〔1〕栖霞寺：位于南京市栖霞区栖霞山西边，是南北朝时期中国的佛教中心。

〔2〕谈柄：谈话时抓在手上拿来指点比划的木柄。

〔3〕榆荚：榆树的果实，圆扁形，形状像古代钱币，故又称榆钱，谐音“余钱”。新鲜的榆荚可以食用，味道甜脆，亦可煮粥、做馅料。

〔4〕瑕邱：即瑕丘县，位于今山东省济宁市兖州区境内。

〔5〕出处：宋叶廷珪《海录碎事》。“尝令弟子采榆荚”及之后的内容出自《酉阳杂俎》。

译文

南朝栖霞寺的大郎法师每次谈经论道的时候，会手拿松枝作为比划指点的木棍。他曾经命令弟子们采摘榆树的果荚去瑕丘县的集市上售卖，换成金钱。

梁庾诜[1]爱林泉[2]，尝遇火，止出书，坐于池上曰：“惟恐损竹。”[3]

注释

〔1〕庾诜（shēn）：字彦宝，南朝梁文人、隐士。

〔2〕林泉：竹林泉水，代指文人隐居的园林。

〔3〕出处：唐李延寿撰《南史·庾诜传》。

译文

梁代庾诜爱好园林，曾经有一次遇到火灾，他只把书拿出来，坐在水池边上说：“只担心火损伤了竹林。”

梁元帝[1]竹林堂中多种蔷薇[2]，康家四出蔷薇、白马寺黑蔷薇、长沙千叶蔷薇，多品汇并，以长格[3]校其上，使花叶相连，其下有十间花屋，仰而望之，则枝叶交映，迫而察之，则芬芳袭人。[4]

注释

〔1〕梁元帝：萧绎，字世诚，小字七符，自号金楼子，梁武帝萧衍第七子，梁简文帝萧纲之弟。

〔2〕蔷薇：蔷薇科蔷薇属部分植物的通称，小型灌木，花形多样，色彩有红、白、黄等，富有香气，根据品种不同，有直立生长的，也有攀援、爬蔓生长的。

〔3〕格：长的树枝。

〔4〕出处：宋乐史《太平寰宇记》，简称《寰宇记》。

译文

梁元帝竹林堂里种植了多种蔷薇，有康家四出蔷薇、白马寺黑蔷薇、长沙千叶蔷薇等，很多品种汇聚并植，用长树枝引导着蔷薇枝蔓生长，使花叶相连，下面有十间花屋，仰起头来看，蔷薇的枝叶交映，走近了仔细查看，蔷薇花的香气袭人。

后魏[1]河间王琛[2]，后园造迎风馆，素奈[3]、朱李[4]株条入檐，妓女楼上坐而摘食。[5]

注释

〔1〕后魏：即北魏，人们称其为后魏是与三国时的曹魏相区别。又因北魏皇族姓拓跋，而称“拓跋魏”，后孝文帝拓跋宏改革，将原来的鲜卑族复姓拓跋改为单音节汉姓元，故又称“元魏”。

〔2〕河间王琛：即元琛，字昙宝，北魏宗室，北魏文成帝拓跋浚之孙，齐郡王元简之子，袭爵河间王。他是当时有名的富豪，生活奢靡。

〔3〕素奈：即素柰，白柰，一种开白色花的苹果树。

〔4〕朱李：结红颜色果实的李子树。

〔5〕出处：南北朝杨衒之《洛阳伽蓝记》。

译文

北魏的河间王元琛在自家的后园建造了一座迎风馆，苹果树和李子树的枝条伸到了房檐，妓女们在楼上坐着采摘食用。

陈永阳王[1]宿酲[2]未解，则为蜜渍乌梅[3]，每啖不下二十枚，清醒乃已。[4]

注释

〔1〕永阳王：陈伯智，字策之，陈世祖陈蒨（qiàn）第十二子。

〔2〕酲（chéng）：醉酒，喝醉了神志不清的状态。

〔3〕乌梅：熏干的青梅果实，黑褐色，可入药或食用。

〔4〕出处：唐冯贽《云仙杂记》引《樵人直说》。

译文

陈代永阳王宿醉不解的时候就制作蜜渍乌梅，每次都食用不下二十颗，直到清醒才停止进食。

〔清〕汪承霈

后周〔1〕张元〔2〕，性廉洁，南邻有杏二树，杏熟多落元园中，悉拾以还主。〔3〕

注释

〔1〕后周：这里指北周。

〔2〕张元：字孝始，河北芮城（今山西省运城市芮城县）人，性谦谨，有孝行，微涉经史，精修释典。

〔3〕出处：唐令狐德棻（fēn）等撰《周书·张元传》。

译文

北周的张元，品性廉洁，他南边的邻居家有两棵杏树，杏子熟了很多都落在张元家的园子里，张元把杏子全都捡起来归还主人。

〔宋〕范　宽

北齐卢士琛[1]妻，崔林义之女，有才学，春日取桃花和[2]雪，与儿𩞄[3]面，呪曰：“取红花，取白雪，与儿洗面作光悦。取白雪，取红花，与儿洗面作光华。取花红，取雪白，与儿洗面作光泽。取雪白，取花红，与儿洗面作华容[4]。”[5]

注释

〔1〕卢士琛：与下文的崔林义均生平不详。

〔2〕和（huò）：这里指把桃花与雪加在一起搅拌。

〔3〕𩞄（huì）：洗脸，洁面。

〔4〕华容：与前文的光悦、光华、光泽意思相近，都是形容人的颜面光彩润泽的样子。

〔5〕出处：唐韩鄂《岁华纪丽》引唐虞世南著《史略》。韩鄂是晚唐人，虞世南是初唐人，虞书《史略》今已亡佚。

译文

北齐人卢士琛的妻子，是崔林义的女儿，她富有才学，春天拿来桃花跟雪拌在一起，给儿子洗脸，边洗边说：“取来红花，取来白雪，愿我儿洗脸之后变得光润悦目。取来白雪，取来红花，愿我儿洗脸之后变得光彩明丽。取来花红，取来雪白，愿我儿洗脸之后变得光华润泽。取来雪白，取来花红，愿我儿洗脸之后获得美丽姿容。”

隋开皇[1]中，赵师雄[2]迁罗浮[3]，一日天寒日暮，在醉醒间，因憩仆车于松林间酒肆旁舍。见一女人，淡妆素服，出迓[4]师雄。时已昏黑，残雪未消，月色微明。师雄喜之，与之语，但觉芳香袭人，语言极清丽，因与之扣酒家门，得数杯相与饮。少顷，有一绿衣童来，笑歌戏舞，亦自可观。顷[5]醉寝，师雄亦懵然[6]，但觉风寒相袭。久之，时东方已白，师雄起视，乃在大梅花树下，上有翠羽[7]，啾嘈[8]相顾，月落参横[9]，但惆怅[10]而已。[11]

注释

〔1〕开皇：隋朝开国皇帝隋文帝杨坚的年号，使用时间为公元581年至600年。

〔2〕赵师雄：生平不详。

〔3〕罗浮：山名，位于广东省惠州市境内，中国历史文化名山，素有百粤群山之祖、蓬莱仙境之称。

〔4〕迓（yà）：迎接。

〔5〕顷：顷刻间，不一会儿。

〔6〕懵（měng）然：头脑迷糊、不明所以的样子。

〔7〕翠羽：青绿色的羽毛，这里指代长着绿毛的鸟，暗示前文的绿衣童子是鸟儿所变。

〔8〕啾嘈（jiū cáo）：拟声词，鸟叫的声音。

〔9〕参（shēn）横：参，星宿名，参星在农历十月初的那几天，黎明时会运行到西方接近地平线的位置，称为参横。

〔10〕惆怅（chóu chàng）：感伤失意、闷闷不乐的样子。

〔11〕出处：唐柳宗元《龙城录》。此书或系宋人伪托柳宗元所作。

译文

隋代开皇年间，赵师雄到罗浮山去，一天傍晚，天寒地冻，在半醉半醒之间，赵师雄在车上休息，车停在一片松树林里的酒馆旁边。突然看到一个女子，化着淡妆，穿着洁白的服饰，出来迎接赵师雄。当时天色已经昏暗，地上的残雪还未融化，月光微微照亮地面。赵师雄很欣赏这位女子，上前攀谈，只觉得芳香扑鼻，女子的语言极为清新雅致，于是跟她一起扣响酒馆的门，买了酒一起饮用了几杯。过了没多久，有一个穿着绿衣服的孩童前来，一边欢笑歌唱一边嬉戏舞蹈，水平也不错。不一会儿就喝醉睡觉了，赵师雄也是迷迷糊糊的，只觉得风吹在身上很寒冷。过了很久，东方天色已经发白，赵师雄起身四下看看，发觉自己在大梅花树底下，树上有绿色羽毛的鸟，叫着看向自己。此时已是月落西天，只留下满腔的失落与惆怅。

〔宋〕佚 名

有巴邛[1]人，不知姓名，家有橘园，因霜后诸橘尽收，余有两大橘，如三斗盎[2]，巴人异之，即令举摘下，轻重亦如常橘。剖开，每橘有二老叟[3]，髯眉皤[4]然，肌体红明，皆相对象戏[5]，身长尺余，谈笑自若，剖开后亦不惊怖，但相与决赌。决赌讫[6]，一叟曰："君输我海龙王第七女发，发十两，智琼额黄[7]十二枚，紫绡帔[8]一副，绛台山霞实散二庾[9]，瀛洲玉尘九斛[10]，阿母疗髓凝酒四钟[11]，阿母女态盈娘子跻虚龙缟袜八緉[12]，后日于王先生青城草堂还我耳。"又有一叟曰："王先生许来，竟待不得。橘中之乐，不减商山[13]，但不得深根固蒂，为愚人[14]摘下耳。"又有一叟曰："仆饥虚矣，当取龙根脯[15]食之。"即于袖中抽出一草根，方圆径寸，形状宛转如龙，毫厘罔不周悉，因削食之，随削随满，食讫以水噀[16]之，化为一

龙，四叟共乘之，足下泄泄[17]云起，须臾[18]风雨晦冥[19]，不知所在。[20]

注释

〔1〕巴邛（qióng）：地名，巴和邛，均在四川。

〔2〕盎（àng）：古代一种瓦制的盆，小口而圆腹。

〔3〕叟（sǒu）：年老的男性。

〔4〕皤（pó）：白色。

〔5〕象戏：即象棋游戏。

〔6〕讫（qì）：完结，终了。

〔7〕智琼额黄：智琼，传说中的仙女。额黄，古代妇女的一种面部妆饰，用画笔沾黄色染料涂抹在额头上。

〔8〕绡帔（xiāo pèi）：古代披在肩背上的服饰，丝质。

〔9〕庾（yǔ）：古代容量单位，一庾等于十六斗。

〔10〕斛（hú）：古代容量单位，一斛等于十斗。

〔11〕钟：古代容量单位，一钟约相当于六十四斗。

〔12〕緉（liǎng）：古代用来计算鞋袜的单位，相当于现在的“双”。

〔13〕商山：古代山名，位于陕西，相传秦代有四位隐士因躲避秦始皇焚书坑儒的暴政而隐居商山，后世就用“商山之乐”来表示隐逸山林的高妙乐趣。

〔14〕愚人：愚蠢的世俗之人，这里是指橘园的主人。

〔15〕脯（fǔ）：肉干。

〔16〕噀（xùn）：自口中喷出。

〔17〕泄泄（yì yì）：这里形容云气缓慢聚集的样子。

〔18〕须臾（yú）：片刻，一会儿。

〔19〕晦冥（huì míng）：光线昏暗。

〔20〕出处：唐牛僧孺《玄怪录》。

译文

有一个巴邛地区的人，不知道姓名，他家有个橘子园，霜降以后树上的橘子都采收完了，还剩了两个大橘子，像三斗的圆盆那么大，主人很奇怪，就命人摘下来，轻重却和普通的橘

子差不多。剖开之后，每个橘子里面有两个老头，头发和眉毛都白了，肌肤还红润明亮，全在对坐着下象棋，身高有一尺多，谈笑自如，橘子被剖开后也不害怕，还在相对决胜赌博。对弈完了，一个老头说：“你输给我海龙王第七个女儿的头发十两，仙女智琼的额黄十二枚，紫色的丝质披肩一副，绛台山霞实散两庾，瀛洲玉尘九斛，阿母疗髓凝酒四钟，阿母女态盈娘子跻（jī）虚龙缟（gǎo）袜八双，后天在王先生的青城草堂给我吧。”另一个老头说：“王先生曾许诺会来我们这儿，可我却等不到了。橘子里面的乐趣，和隐居商山差不多啊，只是不能根深蒂固，被蠢货摘下来了。”又有一个老头说：“我好饿啊，还是拿出龙根脯来吃吧。”就从袖子里抽出一条草根来，大小有一寸左右，形状蜷曲好像龙的样子，毫厘之间没有不像龙的地方。这老头把它削下来吃，削下来多少随即又长出多少，吃完了含口水一喷，它居然变化成一条真龙。四个老头共同乘坐这条龙，脚下逐渐聚集起片片云雾，不一会儿风起雨降，天色暗了下来，这四个老头就不知道在哪里了。

〔清〕余　省

隋侯白〔1〕尝与杨素〔2〕并马，见路旁有槐树憔悴〔3〕欲死。素曰："侯秀才道理〔4〕过人，能令此树活否？"白曰："取槐子悬树枝即活。"素闻其说，答曰："《论语》云：'子在，回〔5〕何敢死。'"（回、槐同音。〔6〕）〔7〕

注释

〔1〕侯白：隋代官员，秀才出身，才思敏捷，性格诙谐。

〔2〕杨素：字处道，弘农华阴（今属陕西省华阴市）人，隋代官吏、诗人。

〔3〕憔悴（qiáo cuì）：指槐树干枯、枯萎的样子。

〔4〕道理：这里指知识、学问。

〔5〕回：指颜回，孔子最为钟爱的弟子。"子在，回何敢死"出自《论语·先进》，说的是孔子和弟子们周游列国时，有一次在某地受到围攻，颜回最后才逃出来，孔子感叹说："我以为你已经死了呢！"颜回说："夫子您还在，作为弟子的我怎么敢先死呢？"

〔6〕括号内为古书中原有的一句小字注释。"回、槐同音"说的是"回"和"槐"这两个字在古代汉语当中的读音是一样的。这里侯白和杨素的对话，是把《论语》中称呼孔子的"子"替换成了同音的种子的"子"，又把颜回名字中的"回"替换成了槐树的"槐"，这样的谐音一语双关。

〔7〕出处：隋侯白《启颜录》。

译文

隋代的侯白曾经跟杨素一起并排骑马，看到路边有棵槐树干枯快要死了。杨素说："侯秀才你学识过人，能不能想个办法让这棵树活过来呢？"侯白回答说："把槐树的种子悬挂在树枝上它就活了。"杨素听到他的说法后回答："这是《论语》里面的话吧，'子在，回何敢死。'"（回、槐读音相同。）

〔宋〕佚　名

炀帝[1]驾至洛阳，进合蒂[2]迎辇[3]花，帝令御[4]车女袁宝儿持之，号曰“司花女”。[5]

注释

〔1〕炀帝：即隋炀帝杨广。

〔2〕合蒂：即并蒂，指两朵花并列长在同一个枝条或茎干上。

〔3〕辇（niǎn）：古代专指皇帝或皇后（王或王后）的车驾。

〔4〕御：驾驭，驾驶。

〔5〕出处：旧题唐颜师古《大业拾遗记》，又名《隋遗录》《南部烟花录》。

译文

隋炀帝的车驾抵达了洛阳，当地官员献上并蒂花迎接皇上，隋炀帝命令驾车的侍女袁宝儿手持鲜花，称她为“管理百花的女神”。

〔明〕汪　中

炀帝筑西苑，每宫树凋落，则剪彩[1]为花叶，缀于枝条。色渝[2]，易以新者，常如阳春。沼内亦剪彩为荷芰菱芡[3]，乘舆[4]游幸，则去冰而布之。[5]

注释

〔1〕彩：这里指彩色的丝绸织物。

〔2〕渝：原义是改变，这里指彩布的颜色淡了。

〔3〕荷芰菱芡：均为水生植物，荷即荷花，芰菱即菱角，两角者称菱，四角者称芰，这里指一年生的水草菱，芡俗称鸡头，也是一种一年生的水草。

〔4〕舆：泛指车马、车驾。

〔5〕出处：宋司马光《资治通鉴》。

译文

隋炀帝修筑西苑，每当宫中树木凋零的时节，就命令下人修剪彩布做成花叶的样子，点缀在枝条上。等到它褪色了，就换上新的，常常像是阳春时节的景色。池塘里也修剪彩布做成荷花、菱、芡等水生植物的模样，隋炀帝每次乘车出游，下面负责的侍从就把冰除去，布置上彩花。

〔清〕恽寿平

诸葛颖[1]精于数，晋王广[2]引为参军，甚见亲重。一日共坐，王曰："吾卧内[3]牡丹盛开，君试为一算①。"颖布②策[4]度[5]一二子曰："牡丹开七十九朵。"王入掩户，去左右数之，正合其数。但有二蕊将开，故倚阑[6]看传记伺③之，不数十行，二蕊大发，乃出谓颖曰："君算④得无左[7]乎？"颖再挑一二子曰："我过矣，乃九九八十一朵也。"王告以实，尽欢而退。[8]

校勘

① 算：原刻《学海类编》本作"筭"，形近而讹，此据《清异录》改。

② 布：原刻《学海类编》本作"持越"，语义不通，此据《清异录》改。

③ 伺：原刻《学海类编》本作"向"，形近而讹，此据《清异录》改。

④ 算：原刻《学海类编》本作"莫"，形近而讹，此据《清异录》改。

注释

〔1〕诸葛颖：隋朝大臣、诗人，著有文集二十卷。
〔2〕晋王广：即隋炀帝杨广，他在隋文帝在位时被封为晋王。
〔3〕卧内：卧室里面，这里指家宅院内。
〔4〕策：古代一种用于数学计算的工具，通常是竹制，条状。
〔5〕度（duó）：计算，推测。
〔6〕阑：同“栏”，栏杆。
〔7〕左：偏斜，差错。
〔8〕出处：宋陶谷《清异录》。

译文

诸葛颖善于计算，晋王杨广招揽他做参军，对待他十分亲厚看重。一天他们两人坐在一处，晋王说：“我家院子里牡丹花正在盛开，请你试着给我算一算有几朵花。”诸葛颖于是就拿出算数用的工具，拨弄了一两下推测说：“牡丹开放七十九朵。”晋王走进房子里，命令下人去点数，正好是诸葛颖刚刚报出的数字。只不过还有两朵花即将要开放，所以晋王就倚靠着栏杆看着书等候。才看了几十行，那两朵牡丹就开放了，于是晋王出门对诸葛颖说：“你的计算难道就没有偏差吗？”诸葛颖再次挑动了几下计算用的策条，说：“我错啦，其实是九九八十一朵啊。”晋王这才把实情告诉他，宾主尽欢之后方才退下。

薛寮，河东人，幼时于窗棂[1]内间窥，见一女子，素服珠履[2]，独步中庭。叹曰："良人[3]负笈[4]游学，艰于会面，对此风景，能无怅惋[5]？"因吟曰：

夜凉独宿使人愁，不见檀郎[6]暗泪流。明月将书（一作舒）三五候（一作夜）[7]，何来别恨更悠悠。

又袖中出一画兰卷子，对之微笑，复泪下吟曰：

独自开厢觅素纨[8]，聊将彩笔写芳兰。与郎图作湘江卷，藏取斋中当卧观。

其音甚细而亮，闻有人声，遂隐于水仙花中。忽一男子从丛兰中出，曰："娘子久离，必应相念，阻于跬步[9]，不翅[10]万里。"亦歌诗曰：

佳期逾半载，要约[11]不我践。居无乡县隔，邈若山川限。神交惟梦中，中夜得相见。延我入兰帏[12]，羽帐光璀璨[13]。珊然[14]解宝袜，转态皆婉娈[15]。欢娱非一状，共协平生愿。奈何庭中鸟，迎旦当窗唤。缱绻[16]犹未毕，使我魂梦散。于物愿无鸟，于时愿无旦。与子如一身，此外岂足羡。

又歌曰：

忆昔初邂逅[17]，元虫鸣树闻。崔隤[18]蚤饮[19]好，鷾鸸[20]又将还。隐几夜不寐，朱火飏[21]青烟。鼉没[22]紬[23]坟素[24]，藉[25]以开我颜。辗转复反侧，伤彼关雎篇[26]。沉吟下阶步，四五月方残。嗟哉牛女星[27]，遥遥隔河端。鸳机不成匹，服箱良独难。虚名如有益，敢惜同心肝。

歌已[28]，仍入丛兰中。寮苦心强记，惊讶久之，自此文藻异常，盖花神启之也。一时传诵，谓二花为夫妇花。[29]

按，聘礼花檕[30]，实始于此。今人易[31]为葱兰，当是水仙之误。

注释

〔1〕窗棂（líng）：古代木制窗户的格子。

〔2〕履（lǚ）：鞋子。

〔3〕良人：古代妇女对丈夫的称呼。

〔4〕负笈（jí）：背着书箱，指外出求学。

〔5〕怅惋：悲伤惋惜。

〔6〕檀（tán）郎：晋代著名的美男子潘岳（字安仁）小名叫檀奴，后世就以檀郎来称呼妇人女子心仪的对象。

〔7〕这两处括号内是原文中的小字注释，说明古籍有不同的记录文本。

〔8〕素纨（wán）：细致洁白的丝织品。

〔9〕跬（kuǐ）步：半步。

〔10〕翅：同“啻”（chì），不啻意为不止，不异于。

〔11〕要（yāo）约：邀请，约请。“要”同“邀”。

〔12〕帏（wéi）：帐子。

〔13〕璀璨（cuǐ càn）：明亮耀眼。

〔14〕珊（shān）然：摇曳多姿的样子。

〔15〕婉娈（wǎn luán）：年少美貌的样子。

〔16〕缱绻（qiǎn quǎn）：情意缠绵的样子。

〔17〕邂逅（xiè hòu）：不经意之间相遇。

〔18〕崔隤（cuī tuí）：即蹉跎（cuō tuó），虚度光阴。

〔19〕卺（jǐn）饮：即婚礼中的交杯酒。

〔20〕鷾鸸（yì ér）：鸟名，燕子的别名。

〔21〕飏（yáng）：同“扬”，扬起、风吹起。

〔22〕黾没（mǐn mò）：努力，尽力。

〔23〕紬（chōu）：抽出丝线的头绪。

〔清〕余　省

［24］坟素：泛指古代的典籍、书册。

［25］藉（jiè）：同“借”。

［26］关雎篇：指《诗经》中的《关雎》篇，其中有“求之不得，寤寐思服，悠哉悠哉，辗转反侧”的句子，反映了对心上人思而不得、难以入睡的状态。

［27］牛女星：即牵牛星和织女星，它们在天空中的位置隔着一道银河。

［28］已（yǐ）：停止，完毕。

［29］出处：未详。明嘉靖间俞弁（biàn）撰《山樵暇语》、万历间王路撰《花史左编》亦录。

［30］槃（pán）：同“盘”，盘子。

［31］易：更换，改变。

译文

薛寮是河东人，小时候在窗户格子里面偷看，看到一个女子，穿着白衣服和点缀着珠宝的鞋子，独自在庭院中漫步。那女子叹息说：“我家夫君外出游学，很难和他见面，现在我面对着这样的风景，怎么能不哀伤呢？”于是吟诵诗篇：

夜凉独宿使人愁，不见檀郎暗泪流。

明月将书三五候，何来别恨更悠悠。

接着从袖子里抽出一张画着兰花的画卷，面对画卷微笑，又一次流下眼泪吟诗：

独自开厢觅素纨，聊将彩笔写芳兰。

与郎图作湘江卷，藏取斋中当卧观。

她的声音十分尖细响亮，但是听到有其他人的声音，就马上躲进水仙花丛里隐藏起来了。忽然有一位男子从兰花丛中走了出来，说道："我的娘子离开很久了，应该非常想念我，我们只隔着半步的距离，却仿佛万里那样遥远。"也歌咏诗篇：

佳期逾半载，要约不我践。

居无乡县隔，邈若山川限。

神交惟梦中，中夜得相见。

延我入兰帏，羽帐光璀璨。

珊然解宝袜，转态皆婉娈。

欢娱非一状，共协平生愿。

奈何庭中鸟，迎旦当窗唤。

缱绻犹未毕，使我魂梦散。

于物愿无鸟，于时愿无旦。

与子如一身，此外岂足羡。

这一篇吟诵完毕男子又歌咏道：

忆昔初邂逅，元虫鸣树间。

崔隤沓饮好，鶗鴂又将还。

隐几夜不寐，朱火飏青烟。

蝨没紬坟素，藉以开我颜。

辗转复反侧，伤彼关雎篇。

沉吟下阶步，四五月方残。

嗟哉牛女星，遥遥隔河端。

鸳机不成匹，服箱良独难。

虚名如有益，敢惜同心肝。

歌咏完毕，男子便走入兰花丛中。薛寮非常用心地记下了这些诗篇，惊讶很久，从此写出来的文章辞藻异于常人，应当是受了花神的启发啊。这件事情传扬出去，人们都说水仙、兰花两种花是夫妇花。

陈诗教按，结婚前的聘礼流行使用花盘，实际上是从薛寮那时候开始的。如今人们改换为葱和兰，其实应该是把水仙误传为葱了。

卷中

唐

萧瑀[1]、陈叔达[2]于龙昌寺看李花，相与叹李有九标，曰：香、雅、细、淡、洁、密、宜月夜、宜绿鬓[3]、泛酒[4]无异色。[5]

注释

〔1〕萧瑀（yǔ）：南朝梁宗室、唐朝开国功臣，唐太宗贞观年间曾为宰相。

〔2〕陈叔达：南朝陈皇室，唐高祖在位时曾任宰相。

〔3〕绿鬓：美丽乌黑的头发，多用于形容女子。

〔4〕泛酒：即泡酒。

〔5〕出处：唐冯贽《云仙杂记》引《承平旧纂》。

译文

萧瑀和陈叔达在龙昌寺观赏李花，互相感叹说，李花的好坏有九个标准，分别是：香、雅、细、淡、洁、密、适合月夜观赏、适合女孩子佩戴在发间、泡酒没有异样的颜色。

唐大帝[1]盛夏须雪及枇杷、龙眼，明崇俨[2]坐，顷间往阴山[3]取雪，岭南取果子，并到，食之无别。[4]

注释

〔1〕唐大帝：即唐高宗李治，他驾崩以后群臣上谥号曰“天皇大帝”，所以后世的书中提到唐高宗便称之为唐大帝。

〔2〕明崇俨：洛州偃师（河南省偃师县）人，唐高宗时期的大臣，精通医术、巫术和相术，曾为高宗诊治头痛症。

〔3〕阴山：唐代河东道北部的一道山脉，位于今内蒙古自治区中部，海拔500~2000米，绵延一千余公里。

〔4〕出处：唐张鷟《朝野佥载》。

译文

唐高宗盛夏时节想要雪和枇杷、龙眼果，当时明崇俨在座位旁服侍，他顷刻间就到阴山上取来了雪，又到岭南摘来了果子，一并拿到高宗面前，唐高宗吃过后觉得和平常的水果没有区别。

武后[1]天授[2]二年腊日[3]，将游上苑[4]，乃遣使宣诏曰："明朝游上苑，火速报春知。花须连夜发，莫待晓风吹。"凌晨，名花瑞草布苑而开，若有神助。[5]

注释

〔1〕武后：即武则天，名曌（zhào），唐并州文水（今山西省文水县）人。唐高宗的皇后，在高宗去世后自立为帝，改国号为周。

〔2〕天授：武则天称帝后的第一个年号，时间是公元 690 年至 692 年。

〔3〕腊日：农历十二月初八，即腊八节。

〔4〕上苑：皇家园林。

〔5〕出处：唐《卓异记》，作者旧题陈翱，一作陈翰。

译文

武则天在天授二年腊八那一天，将要去上苑游览，就派遣使者宣读诏书说："明天将要游览上苑，火速告知掌管春花的神灵，园中的花必须连夜开放，别等到明早的风吹来的时候。"凌晨时分，奇花异草都纷纷开放，布满了上苑，好像有神灵相助一样。

〔清〕郎世宁

武则天花朝日[1]游园，令宫女采百花，和[2]米捣碎蒸糕，以赐从臣。[3]

注释

〔1〕花朝（zhāo）日：相传农历二月十二日（也有十五日或二十一日等说法）是百花生日，称为“花朝”，人们在这一天赏花、吃糕、饮百花酒庆祝，称为花朝节。

〔2〕和（huò）：掺杂在一起。

〔3〕出处：明彭大翼《山堂肆考》。

译文

武则天在花朝节这一天游园，命令宫女采摘百花，跟米混合后捣碎，制作成蒸糕，用来赐予侍从大臣。

唐元宗[1]上元[2]夕，于长春殿张临光宴，撒闽江锦荔枝千万颗，令宫人争拾，多者赏以红圈帔[3]、绿晕衫。[4]

注释

〔1〕唐元宗：即唐玄宗李隆基，后避清康熙帝（名玄烨）讳改。下文再次出现时均改回“玄”字，不再说明。

〔2〕上元：农历元月十五，即元宵节。

〔3〕帔（pèi）：古代服饰中的披肩。

〔4〕出处：唐冯贽《云仙杂记》。

译文

唐玄宗元宵节的晚上在长春殿摆下临光宴，抛撒闽江出产的锦荔枝成千上万颗，命令宫里的下人争相捡拾，捡得多的人，就赏赐他红圈披肩和绿色晕染的衫。

明皇[1]游别殿，柳杏将吐[2]，叹曰："对此景物，不可不与判断[3]。"命高力士[4]取羯鼓[5]，临轩[6]纵击，奏一曲，名《春光好》，回头柳杏皆发，笑曰："此一事，不唤我作天公可乎？"[7]

注释

〔1〕明皇：即唐玄宗，因为他谥号"至道大圣大明孝皇帝"，所以后世又称他为唐明皇。

〔2〕吐（tǔ）：放出、露出，这里指植物萌发出花蕊。

〔3〕判断：即排打，唐代当时的俗语，意为欣赏、玩赏。

〔4〕高力士：唐玄宗十分宠幸的宦官。

〔5〕羯（jié）鼓：起源于羯族的一种鼓，形制轻巧，双面蒙皮，均可击打。

〔6〕轩：栏杆。

〔7〕出处：唐南卓《羯鼓录》。

译文

唐玄宗在宫殿内游玩，看见柳树杏树将要开花了，就感慨说："面对这样的景物，不可不加以欣赏一番啊。"命令高力士拿来羯鼓，玄宗亲自在栏杆边上纵情打击，演奏了一曲，名叫《春光好》，回过头来柳树和杏树都开花了。唐玄宗笑着说："通过这一件事，不叫我老天爷可以吗？"

明皇与贵妃[1]宴千叶桃花下，帝曰：“不特萱草[2]忘忧，此花亦能销恨。”又尝亲折一枝，插贵妃冠上，曰：“此个花，尤助娇态也。”[3]

注释

〔1〕贵妃：即杨贵妃，名玉环，号太真，唐玄宗因为宠幸她而荒废国事。

〔2〕萱草：即金针菜、黄花菜，古人认为萱草可以忘忧，故又称忘忧草。

〔3〕出处：五代王仁裕《开元天宝遗事》。

译文

唐玄宗和杨贵妃在千叶桃花树下宴饮，唐玄宗说：“不光萱草可以忘忧，这桃花也能够消解怨恨。”又曾经亲手折下一枝，插在贵妃头冠上，说：“这个花，真能让你增加娇媚的神态啊。”

明皇春宴，宫中妃嫔各插艳花，帝亲捉粉蝶放之，随蝶所止者，幸之。[1]

注释

〔1〕出处：五代王仁裕《开元天宝遗事》。

译文

唐玄宗在春天举行宴会，宫中的妃嫔们都在头发上插满艳丽的花朵。玄宗亲自捉住粉蝶释放，蝴蝶停在谁的头上，就宠幸谁。

明皇与贵妃幸华清宫，宿酒初醒，凭[1]妃肩看牡丹，折一枝与妃，递嗅其艳，曰：“此花香艳，尤能醒酒。”[2]

按[3]，明皇时，有献牡丹者，名“杨家红”，时贵妃匀面，口脂在手，印于花上。来岁花开，瓣上有指印红痕，帝名为“一捻红”。

注释

〔1〕凭：靠着，倚靠在某物上。

〔2〕出处：五代王仁裕《开元天宝遗事》。

〔3〕按：这条按语出自宋刘斧《青琐高议》。

译文

唐玄宗和杨贵妃前往华清宫游玩，昨夜的酒刚刚才醒，玄宗靠着杨贵妃的肩膀观看牡丹，折下一枝递给杨贵妃，一边还嗅花的香味，说：“这朵花十分香艳，特别能够醒酒。”

陈诗教按，唐玄宗当政的时候，有人献上牡丹，品种名叫“杨家红”，当时杨贵妃正在用化妆品抹脸，胭脂沾到手上，印在了花瓣上。来年牡丹花开后，花瓣上还有手指印上去的红色痕迹，唐玄宗亲自命名这个品种为“一捻红”。

明皇秋八月，太液池[1]有千叶白莲数枝盛开，帝与贵妃宴赏焉。左右皆叹羡，久之，帝指贵妃示于左右曰："争如我解语花①[2]？"[3]

校勘

① 解语花：原刻《学海类编》本作"解花语"，此据《开元天宝遗事》改。

注释

[1] 太液池：又名蓬莱池，位于唐长安城大明宫北部，是唐代最重要的皇家池苑，遗址位于今陕西省西安市未央区大明宫乡孙家湾村。

[2] 解（jiě）语花：能够理解人类语言的花，这里用来比喻貌美如花、善解圣意的杨贵妃。

[3] 出处：五代王仁裕《开元天宝遗事》。

译文

唐玄宗年间，有一年秋天八月，当时太液池中几株千叶白莲正在盛开，唐玄宗与杨贵妃一边宴饮一边观赏。左右的侍从看到这品种独特的莲花也都非常喜爱，不久之后，唐玄宗指着杨贵妃对侍奉的宫人说："这白莲怎么能比得上我的解语花呢？"

唐玄宗以芙蓉花[1]汁调香粉作御墨，曰“龙香剂”。[2]

注释

〔1〕芙蓉花：即木芙蓉，一种锦葵科木槿属的落叶小乔木，又名木莲、地芙蓉，中国各地均有分布。

〔2〕出处：未详。题明陈继儒纂辑《致富奇书》已录。

译文

唐玄宗用芙蓉花的汁液调和香粉制作御用的墨，取名叫“龙香剂”。

玄宗尝种乳柑[1]于蓬莱宫，至秋结实，有一合欢[2]者，上与妃子互相持玩，曰：“此果似知人意。”[3]

注释

〔1〕乳柑：唐代的一种柑橘品种，开元年间由江陵府（今湖北省荆州市）进贡。

〔2〕合欢：即并蒂，这里指柑橘的两个果实并列长在同一个枝头。

〔3〕出处：宋乐史《杨太真外传》。

译文

唐玄宗曾经在蓬莱宫中种植乳柑，到秋天结出了果实，其中有一个并蒂的果子，唐玄宗和杨贵妃互相拿着把玩，说道：“这个果子似乎知道人的心意。”

汝阳王琎〔1〕尝戴砑绢①帽〔2〕打曲，上自摘红槿花一朵，置于帽上笪〔3〕处，二物皆极滑，久之方安，遂奏《舞山香》一曲，而花不坠。上大喜，赐金器一厨。〔4〕

按，《羯鼓录》云“笪”字当作“檐”。

校勘

① 绢：原刻《学海类编》本作“绡”，此据《羯鼓录》改。

注释

〔1〕汝阳王琎（jīn）：李琎，唐朝皇族，唐玄宗李隆基长兄李宪的长子，受封为汝阳郡王。他通晓音律，善于打羯鼓，深得唐玄宗欢心，下文的“上”就是唐玄宗。

〔2〕砑（yà）绢帽：砑是一种工艺手法，即用石块碾压、摩擦丝绢，使之紧实、光滑，砑绢帽就是用光滑细腻的绢布制作的帽子。

〔3〕笪（dá）：用粗竹篾编成的席子。放在这里语义不通，根据下文陈诗教的补充解释可知，原文应当是“檐”，指的是帽檐。

〔4〕出处：唐南卓《羯鼓录》。

译文

汝阳王李琎曾经戴着砑绢帽打鼓曲，唐玄宗亲自摘下一朵红槿花，放在李琎的帽檐上，花朵和帽子二者都很滑溜，放了很久才能安定下来。李琎接着演奏了一曲《舞山香》，结束了之后花还没有坠落。唐玄宗非常高兴，赐予李琎一柜子金器。

陈诗教按，《羯鼓录》上说“笪”字原来应该写作“檐”。

唐玄宗赐虢国夫人[1]红水仙十二盆，盆皆金玉也，七宝所造。夫人每夜采花一斗，覆裙襦[2]其上，诘朝①[3]服以见帝，帝谓之“肉身水仙”。[4]

按，此条出《明皇杂录》[5]，《缉柳编》[6]分后半条为袁宝儿[7]事，未知何据。

校勘

① 诘朝：原刻《学海类编》本作“朝诘朝”，衍一字。

注释

〔1〕虢（guó）国夫人：杨贵妃的三姐，原嫁蜀中裴氏，夫亡后孀居，天宝初年，得宠的杨贵妃请求唐玄宗将她的三位姐姐接入长安居住，玄宗应允，分别封她们为韩国夫人、秦国夫人和虢国夫人，并下赐金银、豪宅。虢国夫人曾经显赫一时，后死于安史之乱逃难途中。

〔2〕裙襦（rú）：裙子和短袄。

〔3〕诘朝（jié zhāo）：次日早晨。

〔4〕出处：唐郑处诲《明皇杂录》。

〔5〕《明皇杂录》：记载唐玄宗朝异闻琐事的一部书，共二卷，补遗一卷，中晚唐之交的进士郑处诲撰，主要讲述与玄宗有关的故事，也提及当时的一些大臣、侍从等。

〔6〕《缉柳编》：明代沈鹰（yīng）元编辑的一部志怪小说集。

〔7〕袁宝儿：隋炀帝时期的一个宫女。

译文

唐玄宗赐给虢国夫人十二盆红水仙，盆子都是金玉材质，用了很多宝物打造。虢国夫人每天晚上都要采摘一斗花朵，把自己的衣服盖在上面，第二天一早再穿着去面见皇帝，唐玄宗说她是“肉身水仙”。

陈诗教按，这一条目出自《明皇杂录》，《缉柳编》分后半条为袁宝儿的事迹，不知道有什么依据。

梅妃[1]善属文，自比谢女[2]，淡妆雅服，而姿态明秀，笔不可描画。性喜梅，所居阑槛悉植数株，上榜曰“梅亭”。梅开赋赏，至夜分尚顾恋花下，不能去。[3]

注释

〔1〕梅妃：唐玄宗的妃子，一度很受宠爱，后失宠，幽居冷宫，死于安史乱中。

〔2〕谢女：指谢道韫，东晋时期的女诗人，自幼聪慧，才思敏捷。

〔3〕出处：宋佚名《梅妃传》。

译文

梅妃善于文学，常以前朝的才女谢道韫自比，化着淡淡的妆，穿着雅洁的服饰，姿态明丽秀美，无法用笔来描画。她天性爱好梅花，住所的栏杆旁边都要栽上几棵，上面还要张贴文字命名为“梅亭”。每当梅花开放的时节都要赋诗赞赏，到了深夜依然流连花下，不肯离去。

宁王[1]至春时，于后园中纫[2]红丝为绳，密缀金铃，系于花稍之上，每有鸟鹊翔集，令园吏掣[3]铃索以惊之。[4]

注释

〔1〕宁王：李宪，原名成器，唐睿宗李旦长子，唐玄宗长兄，历任太子太师、太尉，封宁王。

〔2〕纫（rèn）：搓绳，捻线。

〔3〕掣（chè）：拉扯，拖拽。

〔4〕出处：五代王仁裕《开元天宝遗事》。

译文

宁王李宪到了春天的时候，就在后花园中把红色的丝线搓成绳子，上面密密麻麻地缀上金铃，系在花树的枝头，每当有鸟鹊飞来集结的时候，就命令园丁拉响铃铛来吓跑鸟儿。

〔北宋〕高克明

杨国忠[1]子弟[2]，春时移名花植木槛[3]中，下设轮脚，挽以彩絙[4]，所至自随，号“移春槛”。[5]

注释

〔1〕杨国忠：杨贵妃的族兄，早年落魄，在杨玉环受宠后飞黄腾达，成为身兼四十多个职务的权臣，是唐玄宗执政后期的宰相。他身居权力中枢时，任用小人，排斥忠臣，导致国政败坏，酿成了安史之乱，最后自己也死在逃难途中。

〔2〕子弟：指子侄后辈，这里泛指杨国忠的家人、亲戚。

〔3〕槛（jiàn）：原来特指关野兽的栅栏，这里指木栏杆围成的框。

〔4〕絙（gēng）：比较粗的绳子。

〔5〕出处：五代王仁裕《开元天宝遗事》。

译文

杨国忠的子侄们到了春天，就把奇花异草移栽到木栅栏围成的框子里，下面还安装上了轮子，他们挽着彩色的粗绳子，走到哪里就把这个木框牵到哪里，取名叫“移春槛”。

洛人宋单父，善吟诗，亦能种艺术[1]，凡牡丹变易千种。上皇[2]召至骊山[3]，种花万本[4]，色样不同，赐金千余两，内人呼为“花师”。[5]

按，“花师”一作“花神”。

注释

〔1〕种艺术：这里的艺术指技艺和技术，种艺术即种植的技艺。

〔2〕上皇：太上皇，指唐玄宗李隆基，他在安史之乱爆发后逃往成都，途中太子李亨即位，遥尊其为太上皇，自天宝十五年（756）至宝应元年（762），共在太上皇位6年余。

〔3〕骊（lí）山：陕西省西安市境内一座孤立的山丘，是唐代皇家园林的所在地，因杨贵妃而著名的华清池、长生殿均在此处。

〔4〕本：棵，株。

〔5〕出处：唐柳宗元《龙城录》。

译文

洛阳人宋单父善于吟诗，也擅长种植的技术，他种牡丹能够培育出上千个品种。太上皇把他召唤到骊山驱用，宋单父种出上万棵牡丹花，色彩模样都不同，太上皇赐他黄金千余两，宫内的人都称呼他为“花师”。

陈诗教按，“花师”在别的书里也写作“花神”。

〔宋〕佚　名

扬州太守圃[1]中，有杏花数十畷[2]，每至烂开，张大宴，一株命一娼倚其傍，立馆曰“争春”。开元中，宴罢夜阑[3]，人或云：“花有叹声。”[4]

注释

〔1〕圃（pǔ）：种植瓜果蔬菜或观赏植物的园子。

〔2〕畷（zhuì）：田间小道，这里指栽种树木的行（háng）。

〔3〕夜阑：夜深。

〔4〕出处：唐冯贽《云仙杂记》引《扬州事迹》。

译文

扬州太守的花园里，有杏花几十行，每到灿烂盛开的时候，就摆设盛大的宴席，每一棵杏花树都命令一个歌伎倚靠在旁边，还专门建了一座馆舍叫“争春”。开元年间，宴饮结束时夜已深了，有人说：“此处花朵似乎有叹息声。”

怀素[1]贫，无纸学书，常于故里种芭蕉[2]万余，以供挥洒，名曰“绿天”，作“种纸庵[3]”。[4]

注释

〔1〕怀素：唐代僧人，善于书法，尤其是狂草，被誉为“草圣”，主要作品有《自叙帖》《苦笋帖》《圣母帖》等。

〔2〕芭蕉：芭蕉科芭蕉属多年生草本植物，株高数米，叶片阔大如纸张。

〔3〕庵（ān）：圆形的草屋，多用于文人书房的命名。

〔4〕出处：唐陆羽《僧怀素传》。

译文

怀素比较贫穷，没有纸张学习书法，就在家乡种植芭蕉万余棵，来供自己挥洒笔墨，取名“绿天”，还建造了一间草屋起名“种纸庵”。

天宝[1]中，沙门[2]昙霄游诸岳，至葡萄谷，见枯蔓，持归植之，遂活。房实[3]磊落，紫莹如坠，人号“草龙珠帐”。[4]

注释

〔1〕天宝：唐玄宗的第二个年号，自公元 742 年至 756 年，共 15 年。

〔2〕沙门：梵文的音译，是出家的佛教徒的总称，相当于和尚、僧人。

〔3〕房实：植物的子房和果实。

〔4〕出处：唐段成式《酉阳杂俎》。

译文

天宝年间，昙霄和尚云游诸山，到了一个叫葡萄谷的地方，见到枯萎的葡萄藤，就带回来种植，并且栽活了。葡萄长大以后果实累累，亮紫色的葡萄果实好像装饰的玉坠一样，人们都叫它“草龙珠帐”。

〔清〕余 穉

〔清〕恽寿平

天宝中，处士[1]崔玄微洛东有宅，眈[2]道，饵[3]术[4]及茯苓[5]三十载。因药尽，领童仆辈入嵩山[6]采芝，三年方回，宅中无人，蒿莱[7]满院。时春季夜阒[8]，风清月朗，不睡，独处一院，家人无故辄[9]不到，三更后有一青衣云："君在院中也，今欲与一两女伴过至上东门表姨处，暂借此歇，可乎？"玄微许之。须臾乃有十余人，青衣引入，有绿裳者前曰："某[10]姓杨氏。"指一人曰李氏，又一人曰陶氏，又指一绯[11]衣小女曰姓石，名阿措，各有侍女辈。玄微相见毕，乃命坐于月下，问出行之由，对曰："欲到封十八姨，数日云欲来相看不得，今夕众往看之。"坐未定，门外报封家姨来也，坐皆惊喜出迎。杨氏曰："主人甚贤，只此从容不恶，诸处未必胜于此也。”玄微又出见封氏，言词泠泠，有林下风气〔12〕，遂揖入坐，色皆殊绝，满座芳芬，馥馥〔13〕袭人。命酒，各歌以送之，玄微志其一二焉。有红裳人与白衣送酒歌曰：“皎洁玉颜胜白雪，况有青年对芳月。沉吟不敢怨春风，自叹容华暗消歇。”又白衣人送酒歌曰：“绛〔14〕衣披拂露盈盈，淡染臙脂〔15〕一朵轻。自恨红颜留不住，莫怨春风道薄情。”至十八姨持杯，性颇轻佻〔16〕，翻酒污阿措衣，阿措作色曰：“诸人即奉求，余不奉畏也。”拂衣而起。十八姨曰：“小女子弄酒。”皆起，至门外别，十八姨南去，诸人西入苑中而别，玄微亦不至异。

明夜又来，云：“欲往十八姨处。”阿措怒曰：“何用更去封妪〔17〕舍，有事只求处士，不知可乎？”诸女皆曰：“可。”阿措来言曰：“诸女伴皆住苑中，每岁多被恶风所挠，常求十八姨相庇。昨阿措不能依回，应难取力，处士倘不阻见庇，亦有微报耳。”玄微曰：“某有何力，得及诸女？”阿措曰：“但求处士，每岁岁日〔18〕，与作一朱幡〔19〕，上图日月五星之文〔20〕，于苑东立之，则难〔21〕免矣。今岁已过，但请至此月二十一日平旦〔22〕，微有东风，即立之，庶〔23〕可免也。”玄微许之，乃齐声谢曰：“不敢忘德。”各拜而去。玄微于月中随而送之，逾苑墙乃入苑中，各失所在。乃依其言，至此日立幡，是日东风振地，自洛①南折树飞沙，而苑中繁花不动。玄微乃悟诸女曰姓杨、姓李及颜色衣服之异，皆众花之精也。绯衣名阿措，即安石榴〔24〕也。封十八姨乃风神也。

后数夜，杨氏辈复至媿慰[25]，各裹桃李花数斗，劝崔生服之，可延年却[26]老，愿长如此住，护卫某等，亦可至长生。至元和[27]初，玄微犹在，可称年三十许人。[28]

按，《集异记》[29]“阿措”作“醋醋”。

校勘

① 洛：原刻《学海类编》本作“落”，此据《酉阳杂俎》改。

注释

〔1〕处士：隐居不做官的才子。

〔2〕眈：同“耽”，痴迷，沉溺。

〔3〕饵：吃，服食。

〔4〕术（zhú）：中药，白术、苍术之类。

〔5〕茯苓（fú líng）：寄生在松树根上的一种菌类，块状，可入药。

〔6〕嵩（sōng）山：山名，位于河南省登封市的西北，是中国五大名山“五岳”中的“中岳”。

〔7〕蒿莱（hāo lái）：蒿与莱，都是野草名，蒿莱泛指杂草。

〔8〕阒（qù）：形容寂静无人。

〔9〕辄（zhé）：就。

〔10〕某：古人用于自称的代词，相当于“我”。

〔11〕绯（fēi）：红色。

〔12〕林下风气：林下指山林之下、清幽僻静之处，风气指风度。人们处在山林幽静之所，自然举止脱俗，故用林下风气形容女子态度娴雅、举止大方。

〔13〕馥馥（fù）：形容香气浓烈。

〔14〕绛（jiàng）：红色。

〔15〕臙（yān）脂：即胭脂，古代女子的化妆用品，膏状，常为红色或粉色。

〔16〕轻佻（tiāo）：举止不稳重。

〔17〕妪（yù）：年老的妇人。

〔18〕岁日：大年初一，新年的第一天，也称“岁旦”。

〔19〕幡（fān）：用竹竿等挑起来悬挂的长条形旗子。

〔20〕文：同“纹”，花纹，图案。

〔21〕难（nàn）：灾祸。

〔22〕平旦：清晨，黎明。

〔23〕庶：这里表示推测语气，应该、或许。

〔24〕安石榴：即石榴，石榴科石榴属的落叶乔木，开钟形红花，结多籽的浆果，果实呈黄红色。

〔25〕媿（kuì）慰："媿"同"愧"，指心含歉疚地慰问。

〔26〕却：抵御，避免。

〔27〕元和：唐宪宗李纯的年号，自公元806年至820年，共15年。元和年间与天宝年间，相差约60年。

〔28〕出处：唐段成式《酉阳杂俎》。

〔29〕《集异记》：中晚唐之交时薛用弱撰写的一部传奇小说集，记录一些神话、虚幻之事。

译文

天宝年间有位隐士叫崔玄微，在洛阳东边有宅院，他爱好道术，服食白术、茯苓等药物三十年了。有一天因为药吃完了，就带领仆人去嵩山采摘灵芝，三年后才回来，宅院里已经没人了，杂草长满了院子。当时是春天，晚上寂静无人，月朗风清，崔玄微没有睡觉，独自待在小院里，家人没有特别的事情就不到他那里去，这一天三更之后有一个青衣女子说："您在院子里啊，现在我和一两个女伴想要经过您的宅院去东门表姨那里，暂时借这里歇息一下，可以吗？"崔玄微答应了。不一会儿有十来个人，由青衣女子引领着进来，一个穿绿衣服的上前说道："我姓杨。"接着指向其中一人说这位姓李，又指着一个说这位姓陶，又指着一个穿红衣的小女孩说她姓石，名叫阿措，她们都有各自的侍女。崔玄微跟她们面见完毕，就让她们坐在月下，问她们出行的原因，对方回答说："想去封十八姨那里，这几天一直说要来看看却没有

动身，今晚大家一起去看她。”众人还没有坐安稳，门外就有家丁来报告说封家的姨娘来了，大家都很惊喜，出门迎接。姓杨的女子说：“主人崔处士很贤德，气度从容没有恶意，别的地方未必比这里好啊。”崔玄微又出门见过封姨娘，封姨娘言辞冷淡，颇具娴雅淡然的风致，宾主就互相作揖入座，众女子的容貌都美丽绝俗，满座芬芳，香气袭人。崔玄微命令下人摆酒，各人都歌咏诗篇相送，崔玄微记录下一两篇。有一位红衣女子送给白衣女子一首酒歌，说道：“皎洁玉颜胜白雪，况有青年对芳月。沉吟不敢怨春风，自叹容华暗消歇。”白衣女子的酒歌是：“绛衣披拂露盈盈，淡染胭脂一朵轻。自恨红颜留不住，莫怨春风道薄情。”到了十八姨拿着酒杯要歌咏的时候，她举止颇为轻佻，打翻酒杯污浊了阿措的衣服，阿措脸色不好，说道：“她们都有求于你，我却不畏惧你。”随即拂袖而去。十八姨说：“小女子是在玩酒。”于是大家都起身，到门外分别，十八姨向南去，其他人向西进入苑圃中离开了，崔玄微也没觉得有什么怪异的地方。

转天晚上那些女子又来了，说：“我们想去十八姨那里。”阿措愤怒地说道：“哪里需要再去封老太太家，我们有事情拜托崔处士，不知道可不可以？”众女子都说：“可以呀。”阿措就上前说道：“我和各位女伴都住在苑圃里，每年都会被讨厌的风所侵扰，经常去请求十八姨的庇护。昨天我没能依照封姨娘的吩咐，应该难以获得她的助力，崔处士您如果不推辞而庇护我们，我们也会报答您的。”崔玄微说：“我有什么能力，能够惠及你们呢？”阿措说：“只求您每年大年初一的时候，制作一个红色的幡旗，上面画上日月和五星的图案，竖立在苑圃的东边，那么我们的灾祸就可以免除了。今年的初一已经过去了，只求您到本月二十一日天明的时候，只要有一点点东风，就把幡旗竖立起来，那么我们就可以免于受灾了。”崔玄微答应了她们，她们就齐声感谢说：“不敢忘记您的恩德。”各自行礼后离开了。崔玄微在月光下跟随送别，翻过苑墙进入苑圃里面，就不知她们在哪里了。他依照之前女子所说的方法，到了那一天就竖起红幡，这一天东风大作，震动地面，从洛阳南边一路飞沙走石，折断了不少树木，可苑圃中的繁花却不受影响。崔玄微想起各位女子姓杨、姓李和她们容貌、衣服的奇异之处，这才领悟她们原来都是杨树、李花等变化而成的。红衣女子名叫阿措的，就是石榴啊。封十八姨就是风神。之后又过了几天，一天晚上，杨氏她们又来感谢崔玄微，各自包裹着桃花、李花好几斗，劝崔玄微吃下去，说可以延年益寿，并且希望他长久地住在这里，护卫大家，也能长生不老。到了元和初年，崔玄微还在世，看相貌如三十几岁的人。

陈诗教按，《集异记》一书中“阿措”写作“醋醋”。

〔明〕唐 寅

李白〔1〕游金陵〔2〕，见宗僧中孚〔3〕，示以茶数十斤，状如手掌，号“仙人掌〔4〕茶”。〔5〕

注释

〔1〕李白：字太白，号青莲居士，唐代伟大的诗人。

〔2〕金陵：今江苏省南京市。

〔3〕宗僧中孚：僧中孚，俗家姓李，是李白的族侄，与李白同宗，所以称之为“宗僧”。

〔4〕仙人掌：神仙的手掌，不是现在常见的耐旱植物仙人掌。

〔5〕出处：李白诗《答族侄僧中孚赠玉泉仙人掌茶》序。

译文

李白旅行到金陵城，见到了与自己同宗的中孚和尚，中孚拿出几十斤茶叶给李白看，茶叶的外形像人的手掌一样，取名叫“仙人掌茶”。

王维[1]以黄磁①斗贮[2]兰蕙[3]，养以绮石[4]，累年弥盛。[5]

校勘

① 磁：原刻《学海类编》本作“瓷”，此据《云仙杂记》改。

注释

〔1〕王维：字摩诘（mó jié），号摩诘居士，唐朝著名诗人、画家。

〔2〕贮（zhù）：存放。

〔3〕兰蕙：兰花。

〔4〕绮（qǐ）石：有美丽花纹的石头。

〔5〕出处：唐冯贽《云仙杂记》引《汗漫录》。

译文

王维用黄釉瓷制作的斗状容器栽植兰花，用外形美观的石头来养护兰花的根，几年下来，兰花长得越来越茂盛。

孟浩然[1]性爱梅，尝乘驴踏雪寻之。[2]

注释

〔1〕孟浩然：名浩，字浩然，号孟山人，襄州襄阳（今湖北省襄阳市）人，世称孟襄阳，唐代著名的田园诗人。

〔2〕出处：未详。明张岱《夜航船》、蒋一葵《尧山堂外纪》亦录。

译文

孟浩然非常喜爱梅花，曾经骑着驴子踩着雪去寻找梅花。

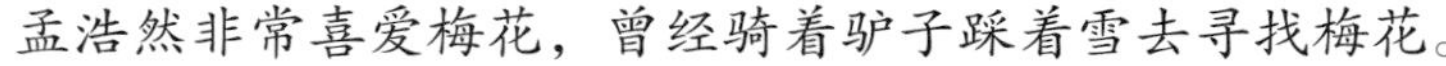

唐许慎选[1]与亲友结宴于花圃中，未尝张帷幄[2]设坐具，只使童仆聚落花铺坐下，曰："我自有花茵[3]，何销[4]坐具？"[5]

注释

〔1〕许慎选：唐代学士，生平不详。

〔2〕帷幄（wéi wò）：帘子，帐子，幕布。

〔3〕茵（yīn）：毯子，垫子，坐垫。

〔4〕销：消耗，需要。

〔5〕出处：五代王仁裕《开元天宝遗事》。

译文

唐人许慎选和亲友聚会，在花圃中摆设宴席，却没有设置帘幕和坐具，仅仅是命令仆人把落花聚集到一起铺在座位下，说："我自有花做成的坐垫，哪里还需要坐具呢？"

秦系[1]，会稽[2]人，天宝末避乱剡溪[3]，客泉州[4]。南安[5]有大松百余章[6]，系结庐[7]其上，穴石为砚，注《老子》[8]，弥年[9]不出。[10]

注释

〔1〕秦系：字公绪，唐代隐士。

〔2〕会稽（kuài jī）：地名，今属浙江省绍兴县。

〔3〕剡（shàn）溪：河流名，位于今浙江省嵊州市附近，汇入钱塘江。

〔4〕泉州：今福建省泉州市。

〔5〕南安：今福建省泉州市下辖县级市。

〔6〕章：棵，根。

〔7〕庐：房舍，小屋。

〔8〕《老子》：春秋时期思想家、道家学派的创始人老子的著作，又称《道德经》。

〔9〕弥年：全年，一整年。

〔10〕出处：宋欧阳修等撰《新唐书·秦系传》。

译文

会稽人秦系在天宝末年去剡溪躲避战乱，客居在泉州。泉州下属的南安有上百棵大松树，秦系在树上建造房屋，以洞穴里的石头做砚台，注释《老子》，一整年都不出门。

郑虔[1]为广文博士[2]，学书病[3]无纸，知慈恩寺[4]有柿叶数间屋，遂借僧房居止，日取红叶学书，岁久殆[5]遍。[6]

注释

〔1〕郑虔（qián）：字趋庭，盛唐著名文学家、诗人、书画家。

〔2〕广文博士：广文馆的教师。唐玄宗欣赏郑虔的才华，在天宝九年（750年）下令设立了一所供官家子弟读书的学校广文馆，并任命郑虔为广文馆博士，即广文馆负责教学的教师。

〔3〕病：这里形容经济困难。

〔4〕慈恩寺：唐代长安城内最宏伟的一座寺庙，是唐太宗的太子李治为纪念母亲长孙皇后而主持修造的，一代名僧玄奘曾在慈恩寺担任住持。

〔5〕殆（dài）：几乎。

〔6〕出处：唐李绰《尚书故实》。

译文

广文馆的博士郑虔，想学习书法却苦于没有纸张，他听说慈恩寺里有几间屋子存放着柿子树的叶子，就借僧人的房间居住，每天拿红色的柿子叶练习书法，日子久了几乎把那些叶子都写遍了。

张博为苏州刺史[1]，植木兰[2]于堂前，尝花盛时宴客，命即席赋之。陆龟蒙[3]后至，张连酌浮[4]之径醉，强索笔题两句：“洞庭波浪渺无津，日日征帆送远人。”颓然[5]醉倒，客欲续之，皆莫详其意。既而龟蒙稍醒，续曰：“几度木兰船上望，不知元是此花身。”遂为此题绝唱[6]。[7]

注释

〔1〕刺史：唐代地方行政区域“州”的行政长官。

〔2〕木兰：木兰科木兰属的落叶乔木，高五六米，开杯状花，开花时无叶，满树花蕾，很是壮观。

〔3〕陆龟蒙：字鲁望，苏州人，晚唐著名诗人，也精于农学。

〔4〕酌（zhuó）浮：酌和浮，都是敬酒的动作。

〔5〕颓（tuí）然：形容身体乏力将要倾倒的样子。

〔6〕绝唱：形容文学、艺术创作的最高境界，他人难以超越。

〔7〕出处：唐李跃《岚斋录》，亦名《岚斋集》。

译文

张博做苏州刺史的时候，在堂屋前面栽种了木兰树，曾经有一次木兰盛开时设宴招待宾客，命令大家在酒席间写诗歌咏木兰。陆龟蒙稍后才来，张博连连向他敬酒，陆龟蒙一直喝到醉了才勉强要来纸笔写了两句诗：“洞庭波浪渺无津，日日征帆送远人。”写完支撑不住就醉倒了，其他宾客想要续写这首诗，却都不明白他的意思。不久陆龟蒙悠悠转醒，自己续写道：“几度木兰船上望，不知元是此花身。”这首诗就成为以木兰花为题的诗歌中的佳作。

陆龟蒙性嗜茶，置园顾渚山[1]下，岁收租茶，自判品第。[2]

注释

〔1〕顾渚山：位于今浙江省湖州市长兴县城西北，海拔 355 米，方圆约 2 平方公里。唐代时在顾渚山下设立了贡茶院，向朝廷进贡紫笋茶。

〔2〕出处：元佚名《氏族大全》。

译文

陆龟蒙爱好喝茶，就在顾渚山下建造园林居住，每年都收购好些茶叶，自己判定茶叶的品级、等地。

梁绪[1]梨花时，折花簪[2]之，压损帽檐，至[3]头不能举。[4]

注释

〔1〕梁绪：唐人，生平不详。历史上三国时期也有名梁绪者，是蜀汉的军事将领。

〔2〕簪（zān）：插在头发上，佩戴。

〔3〕至：同“致”，导致，致使。

〔4〕出处：唐冯贽《云仙杂记》引《祥云志》。

译文

梁绪在梨花盛开时，折下花朵戴在头上，梨花压坏了帽檐，导致自己的头都没法抬起来了。

〔清〕王 武

李约[1]性嗜茶，客至不限瓯[2]数，竟日[3]爇[4]火，执器不倦。[5]

注释

〔1〕李约：唐代宗室，唐代宗李豫时期宰相李勉之子，曾任兵部员外郎。李勉是唐高祖李渊第十三子李元懿的曾孙。

〔2〕瓯（ōu）：杯子。

〔3〕竟日：整天。

〔4〕爇（ruò）：用火烧。

〔5〕出处：唐赵璘《因话录》。

译文

李约生性喜欢茶，有客人到来时，他以茶待客不限杯数，整天拿着器皿烧火煮茶也不感到疲倦。

长安士女[1]春时斗花[2]，以奇花多者为胜，皆以千金市[3]名花，植于庭苑中，以备春时之斗。[4]

按，此条出《开元天宝遗事》，坊本以“士女”为“王士安”，误。

注释

〔1〕长安士女：士女，即仕女，这里泛指长安城内官宦人家的女眷。

〔2〕斗花：以花相斗，指众人各自拿出奇花，互相评判高下。

〔3〕市：购买。

〔4〕出处：五代王仁裕《开元天宝遗事》。

译文

长安城的仕女们在春天斗花，以拥有奇异花卉多的人为获胜者，大家都花费千金购买名贵的花卉，栽种在庭院里面，以此来为春天的斗花活动做准备。

陈诗教按，这一条出自《开元天宝遗事》，坊间有一些本子把“士女”写成了“王士安”，是错误的。

长安士女春游野步，遇名花，则藉[1]草而坐，乃以红裙递相插挂，以为宴幄[2]。[3]

注释

〔1〕藉（jiè）：衬垫，垫在下面。

〔2〕幄（wò）：帐幕，帐子。

〔3〕出处：五代王仁裕《开元天宝遗事》。

译文

长安城的仕女们春游去野外散步，遇到奇花异草，就席地而坐，把花折下来相互插挂在红裙做成临时幕帐上，举行裙幄宴。

曲江[1]贵家游赏，则剪百花妆成狮子相馈遗[2]，狮子有小连环，欲送则以蜀锦流苏[3]牵之，唱曰："春光且莫去，留与醉人看。"[4]

注释

〔1〕曲江：唐代长安城内的一处游览胜地，位于城区东南部，是唐代的皇家园林。

〔2〕馈遗（kuì wèi）：馈赠，赠送。

〔3〕流苏：下垂的穗（suì）子、带子。

〔4〕出处：唐冯贽《云仙杂记》引《曲江春宴录》。

译文

唐代贵族去曲江游赏时，会剪下百花装扮成狮子样子来互相赠送，狮子身上有小连环，想要送人就用蜀锦做成的流苏牵着走，边走边唱："春光且莫去，留与醉人看。"

〔明〕汪　中

史论[1]在齐州[2]时，出猎至一县界，憩[3]兰若[4]中，觉桃香异常，访其僧。僧不及隐，言近有人施二桃，因从经案[5]下取出献论，大如饭盌[6]。时饥，尽之，核大如鸡卵。论因诘其所自，僧笑曰："向[7]实谬言之，此桃去此十余里，道路危险，贫道偶行脚[8]见之，觉异，因掇[9]数枚。"论曰："今去骑从，与和尚偕往。"僧不得已，导[10]论北去荒榛[11]中，经五里许，抵一水，僧曰："恐中丞[12]不能渡此。"论志决往，依僧解衣戴之而浮，登岸，又经西北，涉二小水，上山越涧数里至一处，布泉怪石，非人境也。有桃数百株，干扫地，高二三尺，其香破鼻。论与僧各食一蒂[13]，腹果然[14]矣。论解衣，将尽力苞[15]之，僧曰："此或灵境，不可多取。贫道尝听长老[16]说，昔日有人亦尝至此，怀五六枚，迷不得出。”论亦疑僧非常，取两个而返，僧切戒论不得言。论至州，使招僧，僧已逝矣。[17]

注释

〔1〕史论：唐代官吏，唐文宗年间曾任右金吾大将军、泾原节度使、检校左散骑常侍兼御史大夫等官职，死后赠工部尚书。

〔2〕齐州：即今山东省济南市。

〔3〕憩（qì）：休息，歇息。

〔4〕兰若（rě）：梵语“阿兰若”的省称，意为寺庙。

〔5〕经案：放着佛经的桌子。

〔6〕盌（wǎn）：同“碗”，饭碗。

〔7〕向：从前，之前。

〔8〕行脚：原指走路，这里指僧人的云游。

〔9〕掇（duō）：采摘，拾取。

〔10〕导：引导，带领。

〔11〕荒榛（zhēn）：荒地。榛，杂乱的灌木。

〔12〕中丞（chéng）：官名，即御史中丞，负责国家的检察事务，又称御史大夫。史论曾经担任过御史大夫，所以僧人称呼他为中丞。

〔13〕蔕（dì）：同“蒂”，原指瓜果上与枝干相连接的部分，这里意为“颗”。

〔14〕果然：像瓜果那般圆滚滚的样子，形容人吃饱了肚子鼓起来。

〔15〕苞（bāo）：通“包”，包裹，包起来。

〔16〕长（zhǎng）老：佛教用语，是对年长的和尚的尊称。

〔17〕出处：唐段成式《酉阳杂俎》。

译文

史论在齐州的时候，有一回出去打猎，到了一个县的边界地区，在寺庙里休息，感觉有异乎寻常的桃子香味，询问寺里的僧人。僧人来不及隐藏，就说最近有人施舍了两颗桃子，说着从放着经书的桌子下取出献给史论，那桃子跟饭碗一样大。当时史论很饥饿，很快吃完了，剩下的桃核像鸡蛋那么大。史论进一步询问那桃子的来历，僧人笑着说：“之前

我说的话其实是骗你的，这个桃子长在离这儿十余里的地方，道路很危险，我偶然间走到那里，看见后觉得很奇异，就摘了几枚果子。”史论说：“现在骑着马去，我跟和尚你一同前往。”僧人不得已，就领着史论向北到荒野中去，经过五里多的路程，到了一条河边，僧人说：“恐怕大人您不能渡过这条河。”史论下定决心要去，依着僧人的样子解下衣物戴在头顶漂浮着上了岸，又向西北方走去，步行过两条小溪，登上山丘，越过山涧，又走了几里路，到达一处地方，那里有清泉怪石，仿佛不是人间一般。此处生长着上百棵桃树，枝干都下垂到地上，有两三尺高，芳香扑鼻。史论与僧人各自吃了一颗桃子，肚子就已经饱了。史论解下衣袍，打算尽量多打包些桃子，僧人说：“这里恐怕是神灵的境地，不可以多摘。我曾经听长老说，过去也有人曾经到达这里，拿了五六颗桃子放在怀里，结果迷路出不去了。”史论也疑心僧人不是寻常人，只拿了两个就返回了，僧人还告诫他不能对其他人说。史论到了齐州城中，立马派使者要召见僧人，僧人却已经逝世了。

霍定与友人游曲江，以千金求人窃贵侯[1]亭榭[2]中兰花，插帽兼自持，往罗绮[3]丛中卖之，士女争买，抛掷金钱。每宴客，各以锥[4]刺藕孔，中者罚巨觥[5]，不中者得美馔[6]。[7]

注释

〔1〕贵侯：公侯贵族人家。

〔2〕亭榭：亭阁与台榭，这里指代贵族们的庭院。榭，建筑在水上的房屋。

〔3〕罗绮（qǐ）：罗和绮都是丝织品，常被妇女用来做衣服，人们就用罗绮来指代妇女。

〔4〕锥（zhuī）：铁质尖头工具，可以用来扎孔。

〔5〕觥（gōng）：古代的一种酒器，常被打造成兽形，腹部椭圆，兽口为酒杯口。

〔6〕馔（zhuàn）：食物，饮食。

〔7〕出处：唐冯贽《云仙杂记》引《曲江春宴录》。

译文

霍定和朋友们游览曲江，常常拿出千金请别人去偷窃贵族花园中的兰花，霍定把偷来的兰花插在帽子上，或者自己去女人堆里售卖，那些仕女们花大价钱争着购买。每次设宴招待客人时，霍定他们就拿锥子丢掷莲藕的孔洞，能刺中的人罚酒一大杯，刺不中的人获得美食。

唐僧刘彦范[1]，各精戒律，所交皆知名士，所居有小圃，尝云：“茶为鹿所损。”众劝以短垣[2]隔之，诸名士悉为运石。[3]

注释

〔1〕刘彦范：唐代僧人，虽在佛门而通儒学，时人称之为“刘九经”，与唐代名士颜真卿、韩滉（huàng）、刘晏等交好。

〔2〕垣（yuán）：低矮的墙。

〔3〕出处：宋王谠（dǎng）《唐语林 · 栖逸》。

译文

唐代僧人刘彦范精通佛门各种戒律，他交往的人都是当时的知名人士，他居住的地方有一个小茶园，他曾经抱怨说：“茶树被鹿损坏了。”众人都劝他建起短墙来阻隔野鹿，各位名士都给他运送修墙用的石头。

〔清〕恽寿平

〔清〕陈 舒

马自然[1]方春见一家好菘菜[2]，求之不得，乃取纸笔画一白鹭，以水喷之，飞入菜畦中啄菜，其主趣[3]起，又飞下再三。自然又画一猧子[4]，走趂[5]捉白鹭，共践其菜，碎尽不已。俄而主人觉之，哀求不已，自然乃呼鹭及犬，皆飞走投入怀中，视菜，悉无所损。

马自然常[6]在常州刺史马植坐下，以瓷器盛土种瓜，须臾引蔓生花，结实取食，香美异于常瓜。[7]

注释

〔1〕马自然：马湘，字自然，唐代云游四方的道士。

〔2〕菘（sōng）菜：即白菜。

〔3〕趣：通“趋”，奔跑。这里指菜园的主人跑着追赶白鹭。

〔4〕猧（wō）子：小狗。

〔5〕趂（chèn）：同“趁”，追逐，追赶。

〔6〕常：通“尝”，曾经。

〔7〕出处：五代沈汾《续仙传》。

译文

马自然在春天见到一户人家有长势良好的白菜，向主人索要却没有得到，于是就拿来纸笔画了一个白鹭，用水一喷，白鹭就活了，飞入菜田里啄菜，菜园的主人奔跑着将它赶走，白鹭又再三飞下来。马自然又画了一只小狗，让狗去追逐白鹭，一起踩踏白菜，导致白菜很多都被弄碎了。不久主人明白了，向马自然不断哀求，马自然这才招呼白鹭和小狗，它们都飞奔投入马自然怀里，再看看白菜，全都没有受损。

马自然曾经在常州刺史马植府上作客，他用瓷器盛满泥土种植瓜果，不一会儿就生长出瓜蔓，接着又开花结实，人们摘了吃，觉得那个瓜的香美程度，强于普通的瓜。

崔护[1]举进士[2]不第，清明独游都城南，得村居，花木丛萃[3]，叩门久之，有女子自门隙问之，对曰："寻春独行，酒渴求饮。"女子启关[4]以盂[5]水至，独倚小桃柯[6]伫立，而属意[7]殊厚。崔辞，起送至门，如不胜情而入。后绝不复至，及来岁清明，径往寻之，门庭如故，而户扃[8]矣。因题诗于其左扉[9]云："去年今日此门中，人面桃花相映红。人面不知何处去，桃花依旧笑春风。"后数日复往，闻其中哭声，问之，老父云："君非崔护耶？我女自去年，恍惚如有所失，及见左扉字，遂病而死。"崔请入哭之，尚俨然在床。崔举其首，枕其股[10]，曰："崔在斯，护在斯。"须臾开目，半日复活，老父大喜，以女归[11]之。[12]

注释

〔1〕崔护：唐代诗人，字殷功，曾任御史大夫、广南节度使等官职。

〔2〕进士：古代参加科举考试的读书人，通过中央朝廷组织的考试"殿试"之后所取得的称号。

〔3〕萃（cuì）：草木丛生、茂密的样子。

〔4〕关：门关，门户。

〔5〕盂（yú）：一种盛放液体的器皿，外形像碗。

〔6〕柯：树枝。

〔7〕属意：心仪，倾心，爱慕。

〔8〕扃（jiōng）：木门插上了门闩（shuān）。

〔9〕扉：门板，门扇。

〔10〕股：大腿。

〔11〕归：古汉语中表示女子出嫁的词汇。

〔12〕出处：唐孟启《本事诗》。

译文

崔护考进士没有考取，清明时节独自去都城南边游玩，到了某个村上的一户人家，周围的花木茂密丛生，敲门很久之后，有一个女子从门缝间询问，崔护回答："我独自来踏青，喝酒很口渴，想讨些水喝。"女子开门用碗盛水给崔护，自己倚靠着一根桃树枝伫立，表现出十分心仪崔护的样子。崔护告辞，女子起身送他到门口，那女子好像无法抑制自己的情绪似地退回家里。之后崔护就没有再来过，直到来年的清明，才又前往找寻，发现大门和庭院还是老样子，可是门却闩上了。于是崔护在左边的门板上题诗说："去年今日此门中，人面桃花相映红。人面不知何处去，桃花依旧笑春风。"后来过了几天又去，听到院子里有哭声，询问家里人，那女子的老父亲说："你不是崔护吗？我女儿自从去年见了你之后，整天精神恍惚好像失去了什么似的，等到看见左门板上的文字，就病死了。"崔护请求入内吊丧，女子还躺在床上容颜如生。崔护托起她的头，枕着她的腿，哭着说："我崔护在这里呀，我崔护在这里呀。"不一会儿女子就睁开了眼睛，大半天之后就复活了，她的老父亲十分高兴，就把女儿嫁给了崔护。

宋宇种蔬三十品，时雨之后，按[1]行园圃，曰："天茁此徒[2]，助予[3]鼎俎[4]，家复何患？"[5]

注释

〔1〕按：巡视，考察。

〔2〕此徒：这家伙，指代宋宇种植的各种蔬菜。

〔3〕予（yú）：第一人称代词，我。

〔4〕鼎俎（dǐng zǔ）：鼎是古代煮食物的器皿，俎是切菜的砧板，鼎俎指代的是厨房用具。

〔5〕出处：唐冯贽《云仙杂记》引《豫章记》。

译文

宋宇种植蔬菜，有三十个品种，每次下过雨之后，他都要巡视菜园子，自言自语说道："老天让这些菜苗壮成长，给我的厨房增添美食，家里还有什么可担心的呢？"

李固言[1]未第[2]前，行古柳下，闻有弹指声，固言问之，应曰："吾柳神九烈君，已用柳汁染子衣矣，科第无疑，果得蓝袍[3]，当以枣糕祠[4]我。"固言许之，未几，状元及第。[5]

注释

〔1〕李固言：唐代官员，曾任给事中、华州刺史、吏部侍郎、太子太傅等官职。

〔2〕第：古代科举考试的等级，及第就是达到了合格水平。

〔3〕蓝袍：一种官服，唐代低级的官员穿蓝色的衣服。

〔4〕祠：祭祀，供奉。

〔5〕出处：唐冯贽《云仙杂记》引《三峰集》。

译文

李固言没有及第前，行走到一棵老柳树下面，听到有弹手指的声音，李固言就问是谁，有人回答说："我是柳神九烈君，我已经用柳树的汁液沾染了你的衣服，你会考中科举已经没有疑问了，如果真的得到蓝袍，你要用枣糕来祭祀我。"李固言答应了，没过多久，他就考中了状元。

常伯熊[1]善茶，李季卿[2]宣慰[3]江南至临淮[4]，乃召伯熊。伯熊着黄帔衫、乌纱帻[5]，手执茶器，口通茶名，区分指点，左右刮目。茶熟，李为啜[6]两杯。既到江外，复召陆羽[7]。羽衣野服，随茶具而入，如伯熊故事。茶毕，季卿命取钱三十文，酬煎茶博士[8]。鸿渐夙[9]游江介[10]，通狎[11]胜流，遂收茶钱茶具，雀跃而出，旁若无人。[12]

按[13]，鸿渐茶术最著，好事者，陶为茶神，沽茗不利，辄灌注之，所著有《茶经》三卷。

注释

〔1〕常伯熊：唐代学者，对茶道很有研究。

〔2〕李季卿：唐朝宗室，唐太宗李世民长子李承乾的曾孙，时任御史大夫。

〔3〕宣慰：指朝廷派遣官员对地方进行安抚慰劳。

〔4〕临淮：今江苏省泗洪县临淮镇。

〔5〕帻（zé）：古人裹头发的头巾。

〔6〕啜（chuò）：饮用。

〔7〕陆羽：唐代著名的茶学家，被后世尊为“茶圣”。下文出现的“鸿渐”是陆羽的字。

〔8〕煎茶博士：指陆羽，古代茶馆、酒店的服务人员也可称为博士。

〔9〕夙（sù）：早年间。

〔10〕江介：沿江地区。

〔11〕狎（xiá）：亲近而态度不端庄。

〔12〕出处：宋曾慥《类说》。

〔13〕按：下文“陶为茶神”的事迹，见于唐李肇《国史补》：“巩县陶者多为瓮偶人，号陆鸿渐，买数十茶器得一鸿渐，市人沽茗不利，辄灌注之。”意思是，唐代巩县制作陶器的人，用陶烧制成人偶，取名叫“陆鸿渐”，每次卖出数十个茶具，就赠送购买的人一个人偶，大量买茶具的人自然是经营茶馆的，当他们卖茶不盈利时，就用水去浇“陆鸿渐”的陶俑。

译文

常伯熊善于茶道，李季卿巡抚江南地区时走到临淮。就召见常伯熊。常伯熊穿着黄色的衫袍，带着黑色的头巾，手里拿着茶具，嘴里说着茶的名称，指点着区分不同的茶，旁边人都对他刮目相看。茶煮熟了，李大人喝了两杯。他们走到长江北边，又召见陆羽。陆羽穿着粗制衣服，带着茶具走进李大人的屋子里，像常伯熊一样行事。饮茶完毕，李季卿命令下人拿了三十文钱，酬谢煎茶的陆羽。陆羽早年在长江一带游走，和出名的人士往来密切，就收了茶钱和茶具，兴奋着出门去了，好像旁边没有其他人看着一样。

陈诗教按，陆鸿渐的茶术最有名，有一些经营茶馆的好事者，按照陆羽的样子制作陶俑，尊奉他为茶神，当卖茶不顺利时，就用茶水浇灌陶制的人偶。陆羽著有《茶经》三卷。

李卫公[1]守北都[2]，惟童子寺有竹一窠[3]，才长数尺，其寺纲维[4]，每日报竹平安。[5]

注释

〔1〕李卫公：李靖，唐朝开国功臣，受封卫国公，故称。

〔2〕北都：今山西省太原市，唐时称并州，李渊父子在此起兵建立唐朝，因此唐朝开国后以太原为北都。太原纬度较高，气候较为寒冷，不适宜竹子生长，所以这里生长的竹子很难得。

〔3〕窠（kē）：同“棵”。

〔4〕纲维：寺院中管理各种事务的和尚。

〔5〕出处：唐段成式《酉阳杂俎》。

译文

李靖镇守太原的时候，只有童子寺生长着一棵竹子，高度才有几尺，那寺院的管理人，每天都通报一遍竹子是否平安。

房寿六月召客，捣莲花，制碧芳酒。[1]

注释

〔1〕出处：唐冯贽《云仙杂记》引《叩头录》。

译文

房寿在六月份招待客人，会捣碎莲花，制成一种叫碧芳酒的酒水。

闽县[1]东山有榴花洞，唐永泰[2]中，樵者蓝超遇白鹿，逐之，渡水入石门，始极窄，忽豁然，有鸡犬人家。主翁谓曰：“我避秦[3]人也，留卿可乎？”超曰：“欲与亲旧诀[4]乃来。”与榴花一枝而出，恍然若梦中，再往竟不知所在。[5]

注释

〔1〕闽县：今福建省省会福州市。

〔2〕永泰：唐代宗李豫的年号，使用时间为公元 765 至 766 年。

〔3〕避秦：躲避秦末的战乱。

〔4〕诀（jué）：诀别，永别。

〔5〕出处：五代《闽中实录》，作者蒋文还，一作蒋文怿（yì），一作蒋文恽（yùn）。

译文

闽县的东山上有榴花洞，唐代永泰年间，有一个叫蓝超的樵夫，在山上遇见了白鹿，就去追逐它，渡过河流到了一个石洞门口，进去以后一开始很狭窄，忽然间就豁然开朗了，那里有鸡有狗，有庄户人家。主人对蓝超说：“我是躲避秦末战乱的人，可以留你在这里吗？”蓝超说：“我想跟亲人故交诀别以后再来这里。”主人给了他一枝石榴的花让他出去，蓝超出来后恍恍惚惚好像在梦里一样，再想进去的时候已经不知道石门在哪里了。

逸人王休，居太白山[1]下，日与僧道异人往还[2]，每至冬时，取溪冰，敲其精莹[3]者，煮建茗[4]，共宾客饮之。[5]

注释

〔1〕太白山：秦岭山脉的主峰，在今陕西省宝鸡市太白县境内，海拔在 3500 米以上。

〔2〕往还：交往接触，迎来送往。

〔3〕精莹：明亮清澈。

〔4〕建茗：建茶，福建特产，因产于福建省建瓯市境内的建河流域而得名，古代是贡茶。

〔5〕出处：五代王仁裕《开元天宝遗事》。

译文

隐士王休居住在太白山脚下，天天跟僧人、道士等方士交往，每到冬季的时候，就取来溪水上的冰，把其中澄清透亮的敲下来，然后煮建茶，和宾客们一起饮用。

唐冀国夫人[1]任氏女，少奉释教[2]。一日有僧持衣求浣[3]，女欣然濯[4]之溪边。每一漂衣，莲花应手而出，惊异求僧，不知所在。因识[5]其处，为浣花溪。[6]

注释

〔1〕冀国夫人：唐代名将崔宁的夫人，崔宁历任司空、御史大夫、同中书门下平章事、京畿观察使、灵州大都督、朔方节度使等职。

〔2〕释教：佛教，因佛教创始人被尊称为释迦牟尼，所以佛教又叫释教、释氏教。

〔3〕浣（huàn）：用水洗。

〔4〕濯（zhuó）：清洗，洗涤。

〔5〕识：做标记。

〔6〕出处：宋任正一《游浣花记》。文字略有改写。

译文

唐代冀国夫人是任家的女儿，从小就信奉佛教。一天有个僧人拿着衣服请求她帮忙清洗，她很高兴地答应了，去溪水边洗衣服。每当她将衣服在水里漂洗一次，就有莲花顺着她的手变化而出，她十分惊奇地向僧人寻求解答，僧人已经不知道在哪里了。于是她特别标记出自己洗衣服的地方，将溪水命名为浣花溪。

柳枝娘[1]，洛中里[2]娘①也。闻诵义山[3]《燕台》[4]诗，乃折柳结带，赠义山乞诗。[5]

校勘

① 娘：原刻《学海类编》本作“妓”，应有误，此据李商隐《柳枝》诗序改。

注释

〔1〕柳枝娘：名叫柳枝的小姑娘。

〔2〕里：街巷，胡同。

〔3〕义山：李商隐，字义山，唐代著名诗人。

〔4〕《燕台》：李商隐诗作，由“春”“夏”“秋”“冬”四首组成。

〔5〕出处：李商隐诗《柳枝》序。李商隐在序文中交代，年方十七岁的柳枝是李商隐的亲戚李让山的邻居，有一天李让山吟诵李商隐的《燕台》诗，被柳枝听见了，柳枝就解下自己的衣带给李让山，请求他转交给李商隐，并求李商隐赠送一首诗给自己。李商隐听说这件事后，就写下了《柳枝》诗。

译文

柳枝是洛阳城中某条街巷里的小姑娘。她听到别人吟诵李商隐的《燕台》诗，就折下柳树枝绑在衣服带子上，赠送给李商隐，求取他的诗作。

唐杨彦伯〔1〕，宰安福〔2〕有治声〔3〕，牛产六犊〔4〕，莲茎四花，州以状闻，赐绯鱼〔5〕。〔6〕

注释

〔1〕杨彦伯：唐代末期著名的神童，8 岁就通过了朝廷组织的童子科考试，成年后担任安福县的县令。

〔2〕安福：县名，现为江西省吉安市下辖县。

〔3〕治声：把地方治理得很好的口碑。

〔4〕犊：刚出生不久的小牛。

〔5〕绯（fēi）鱼：绯衣和鱼符袋，绯衣是深红色的衣服，鱼符袋是放置鱼形腰牌的袋子。唐朝制度规定，官员五品以上穿绯衣，佩银鱼袋。杨彦伯的官职是县令，达不到五品，所以朝廷赐给他绯鱼是高于他本身级别的褒奖。

〔6〕出处：明代官修地理总志《大明一统志》，由李贤、彭时等纂修，明英宗天顺五年（1461 年）成书。

译文

唐代的杨彦伯，治理安福县很有名声，当地有的牛产下了六个小牛，有的莲花一根茎干上生出四个花苞，当地政府把这些情况写成奏状上报朝廷，朝廷赐给杨彦伯绯衣、鱼符袋。

杨炎[1]食蒲桃[2]曰："汝若不涩，当以太原尹[3]相授。"[4]

注释

〔1〕杨炎：唐德宗时期的宰相，唐代中期重要改革举措"两税法"的创建和推行者。

〔2〕蒲桃：即葡萄，多年生落叶藤本植物，果实也叫葡萄，在古代又名蒲萄、蒲陶。现在有一种热带地区高大乔木的果实也叫蒲桃，原产东南亚，唐代杨炎生活的长安地区肯定没有。

〔3〕尹（yǐn）：令尹，地方行政长官。

〔4〕出处：唐冯贽《云仙杂记》引《河东备录》。

译文

杨炎边吃葡萄边说："你要是不涩嘴啊，我会授予你太原地区长官的职位。"

郑薰①[1]隐居，种松七根，自号七松处士，曰："异代[2]可对五柳先生[3]。"[4]

校勘

① 薰：原刻《学海类编》本作"熏"，疑误，此据《新唐书·郑薰传》改。

注释

〔1〕郑薰：字子溥，唐文宗年间大臣，历任户部员外郎、吏部侍郎、太子少师等官职。

〔2〕异代：后代，不同的年代。

〔3〕五柳先生：指晋代著名隐逸诗人陶渊明，他写有自传性质的散文《五柳先生传》，文中描写的隐士姓名不详，他房子周围有五棵柳树，所以人们叫他五柳先生。

〔4〕出处：唐郑谷诗《故少师从翁隐岩别墅，乱后榛芜，感旧怆怀，遂有追纪》作者自注。

译文

郑薰隐居，在住处种植了七棵松树，自号七松处士，说："后代提起我，可以跟五柳先生并列了。"

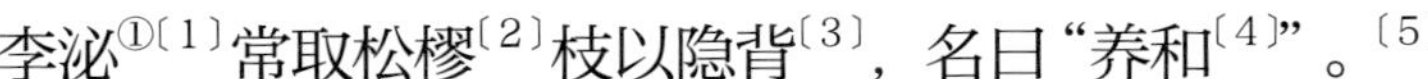

李泌①[1]常取松樛[2]枝以隐背[3]，名曰“养和[4]”。[5]

校勘

① 泌：原刻《学海类编》本作“秘”，疑误，此据《新唐书·李泌传》改。

注释

[1] 李泌（bì）：字长源，唐朝中期宰相，曾参与平定安史之乱。

[2] 樛（liáo）：树枝向下弯曲称为樛。

[3] 隐背：靠背，背部靠在其他东西上，好像隐藏起来一样。

[4] 养和：涵养平和顺畅的心情。

[5] 出处：宋欧阳修等撰《新唐书·李泌传》。

译文

李泌经常用向下弯曲的松树枝干来作靠背，并把自己这种行为命名为“养和”。

李邺侯[1]公子有二妾：绿丝，碎桃。善种花，花经两人手，无不活。[2]

注释

[1] 李邺侯：即李泌，他被封为邺县侯，世称李邺侯。

[2] 出处：明陈继儒《李公子传》。

译文

李泌的儿子有两个妾室，名叫绿丝和碎桃。她们善于种花，不管什么花只要经过她们两个人的手，没有养不活的。

〔清〕张　伟

司空图[1]隐中条山[2]，芟[3]松枝为笔管，曰："幽人[4]笔，当如是。"[5]

注释

〔1〕司空图：字表圣，自号知非子，又号耐辱居士，河中虞乡（今山西省运城市）人，晚唐著名诗人、诗论家，著有《二十四诗品》。

〔2〕中条山：位于山西省南部的一座山脉，横跨临汾、运城、晋城三市，在太行山和华山之间，山势狭长，所以叫中条。

〔3〕芟（shān）：删除，除去，这里指用刀削。

〔4〕幽人：隐居山林的清幽之人。

〔5〕出处：唐冯贽《云仙杂记》引《汗漫录》。

译文

司空图在中条山隐居，把松树的枝条削成笔管，说道："清幽之人的笔，就应该是这样的啊。"

杜羔[1]妻赵氏，每岁端午[2]午时[3]，取夜合花[4]置枕中，羔稍不乐，辄取少许入酒，令婢送饮，羔便欢然。当时妇人争效之。[5]

注释

〔1〕杜羔：唐代进士，唐德宗、顺宗、宪宗朝宰相杜佑的孙子，历任振武节度使、工部尚书等官职。

〔2〕端午：农历五月初五。

〔3〕午时：相当于现在上午十一点到下午一点的时段。

〔4〕夜合花：木兰科木兰属的落叶灌木，叶片为椭圆形，花下垂，有香气，晚上更加浓烈，花朵白天舒展晚上闭合，所以称为“夜合花”。

〔5〕出处：元伊世珍《琅嬛记》引宋佚名《采兰杂志》。

译文

杜羔的妻子赵氏，每年端午节中午的时候，就把夜合花放在枕头里，只要杜羔稍微不愉快，她就从中取少量的夜合花放进酒里，命令婢女送给杜羔喝，杜羔喝了之后就高兴起来了。当时的妇女纷纷效仿赵氏的做法。

〔清〕董 诰

李①直方[1]尝第[2]果实名，如贡士[3]者，以绿李为首，楞梨[4]为副，樱桃为三，甘子[5]为四，葡萄为五。或荐荔枝，曰："寄举[6]之首。"又问："栗[7]如之何？"曰："最有实事，不出八九。"[8]

校勘

① 李：原刻《学海类编》本作"季"，此据《国史补》改。

注释

〔1〕李直方：唐朝宗室，唐肃宗朝宰相李麟之孙，曾任大理寺少卿、司勋郎中、监察御史等官职。

〔2〕第：级第，等级，这里用作动词，意思是给水果排等次。

〔3〕贡士：科举考试通过会试但还没进行殿试的读书人。中国古代的科举制度：省一级的考试，称为"乡试"，通过者称"举人"；举人集中到京城参加的中央一级的考试，称为"会试"，通过者称"贡士"；贡士集中到皇宫参加的由皇帝亲自主持的考试，称为"廷试"或"殿试"，通过者称"进士"。进士中考试成绩前三名的，由皇帝钦点为"三甲"，第一名称状元，第二名称榜眼，第三名称探花。

〔4〕楞梨：梨子的一个品种。

〔5〕甘子：即柑子，柑橘，橘子。

〔6〕寄举：寄籍应举，寄籍是指客居他乡之后将户籍落在当地。如前文"贡士"条注释所言，古代士人考科举，大多在本省参加乡试，但也有不少人因为各种原因长期不在故乡，他们就会就近在居住地参加考试，这种情况就叫"寄籍应举"。李直方先前列举的绿李、葡萄等五种水果，都是他生活的长安地区出产的，而荔枝则是远离长安的南方地区出产的，荔枝相对于绿李等水果而言，就如同外地人一样。所以别人问李直方荔枝应该排第几名，李直方就借用科举考试中"寄籍"的情况来回答，他的意思是，荔枝在所有长安地区以外出产的水果中，是排第一的。

〔7〕栗：板栗，毛栗子。

〔8〕出处：唐李肇《国史补》。

译文

李直方曾经对各种水果进行排名，就像科举考试的贡士一样，给绿李排第一，楞梨第二，樱桃第三，柑橘第四，葡萄第五。有人向他推荐荔枝，他说："荔枝在外地来的水果里排第一。"别人又问他："毛栗子怎么样啊？"他说："实事求是地说，栗子排在八九名之间。"

唐穆宗[1]宫中牡丹花开，则以重[2]顶帐蒙蔽栏槛，置惜春御史掌之，号曰“括香使”。[3]

注释

〔1〕唐穆宗：李恒（795—824），原名李宥（yòu），唐宪宗李纯第三子，公元 820 年至 824 年在位。

〔2〕重（chóng）：双重，双层。

〔3〕出处：唐冯贽《云仙杂记》引《玉尘集》。

译文

唐穆宗宫里的牡丹花盛开时，就用双层顶盖的帐子把牡丹周围的栏杆全都遮蔽起来，皇帝还设置了惜春御史掌管这些事务，称为“括香使”。

白乐天〔1〕方入关〔2〕，刘禹锡〔3〕正病酒〔4〕，禹锡乃馈菊苗齑〔5〕、芦菔〔6〕鲊〔7〕，换取乐天六斑茶二囊，炙〔8〕以醒酒。〔9〕

注释

〔1〕白乐天：白居易，字乐天，号香山居士，中唐著名诗人。

〔2〕关：关内，指唐代都城长安所处的关中平原地区。

〔3〕刘禹锡：字梦得，唐代文学家。

〔4〕病酒：因醉酒而痛苦。

〔5〕齑（jī）：食物被捣碎成细小颗粒。

〔6〕芦菔（fú）：即萝卜。

〔7〕鲊（zhǎ）：把菜切碎，加米粉、面粉、盐和其他作料拌制而成的食物。

〔8〕炙（zhì）：炙茶，古代一种制茶技术，烘焙使脱水。

〔9〕出处：唐冯贽《云仙杂记》引《蛮瓯志》。

译文

白居易刚刚进入关内，刘禹锡正因醉酒而痛苦，就送给白居易菊苗齑和萝卜鲊，换取白居易的两袋六斑茶，炙茶来醒酒。

陈丰[1]常以青莲子十枚寄葛勃[2]，勃啖未竟，坠一子于盆水中，明晨有并蒂花开于水面，大如梅花，勃取置几[3]间，数日方谢[4]。剖其房，各得实五枚，如丰来数。[5]

按，《晁采外传》[6]载，此条作晁采[7]寄文茂[8]事。

注释

〔1〕陈丰：故事中人物，一个尚未出嫁的女子。

〔2〕葛勃：陈丰的邻居，有美丽的容貌，陈丰曾对村里的其他女子开玩笑说："得到像葛勃这样的佳婿，就没有遗憾啦。"

〔3〕几（jī）：矮桌子。

〔4〕谢：凋谢。

〔5〕出处：元《贾氏说林》，或称《贾子说林》，作者姓贾，不知其名。

〔6〕《晁采外传》：一篇小说，见于明王世贞编辑的小说集《艳异编续集》。

〔7〕晁采：唐代大历年间（766—779）一个精通文墨的才女。

〔8〕文茂：晁采的邻居，先与晁采以诗文相交往，后与晁采成亲。

译文

陈丰曾经送给葛勃十颗青莲子，葛勃没有吃完，把一颗莲子落进了水盆里，第二天早晨有并蒂莲花开在水面上，大小跟梅花差不多，葛勃拿来放在案几上，几天之后才凋谢。剖开莲房，各获得莲子五颗，正好是陈丰送来的数量。

陈诗教按，《晁采外传》也记载了类似的故事，说的是晁采和文茂的事情。

裴元裕[1]群从[2]中有悦邻女者，梦女遗[3]二樱桃，食之，及觉，核堕枕侧。[4]

注释

〔1〕裴元裕：唐人，段成式的姑父。

〔2〕群从：同一个祖宗的堂兄弟及侄子辈。

〔3〕遗（wèi）：赠予。

〔4〕出处：唐段成式《酉阳杂俎》。

译文

裴元裕的堂兄弟中有个爱慕邻家女子的人，他梦见那女子送给自己两颗樱桃，就吃了，等到醒过来时，发现樱桃核掉在了枕头旁边。

李华[1]烧三城[2]绝品[3]炭，以龙脑[4]裹芋魁[5]煨[6]之，击炉曰：“芋魁遭遇[7]矣。”[8]

注释

〔1〕李华：字遐叔，赵郡赞皇（今河北省赞皇县）人，唐代官吏、散文家、诗人。

〔2〕三城：古代都城中的三个范围，即外城、内城和皇城。这里的三城指代的是整个长安城。

〔3〕绝品：极品，最上等的品级。

〔4〕龙脑：一种有机化合物，由樟科植物龙脑樟的枝叶经水蒸气蒸馏并结晶而成，呈白色半透明状，有强烈的刺激性香味，又名冰片。

〔5〕芋魁（kuí）：芋根，芋的球茎，现在通常叫芋头。

〔6〕煨（wēi）：在不见明火的草木灰里慢慢烤熟。

〔7〕遭遇：碰上，遇到。这里指芋头碰上了好事情，因为李华用珍稀的龙脑来包裹芋头，又用名贵的木炭来烤制。

〔8〕出处：唐冯贽《云仙杂记》引《三贤典语》。

译文

李华烧着长安城内最高等级的木炭，用龙脑包裹着芋头放在炉灰里烤制，敲打炉子说：“芋头算是碰上好事了。”

〔宋〕佚 名

唐元和〔1〕初，万年县〔2〕有马士良者犯事，时进士王爽为京尹〔3〕，执法严酷，欲杀之。士良乃亡命入南山〔4〕，至炭谷湫〔5〕岸，潜于大柳树下。才晓，见五色云，下一仙女于水滨，有金槌〔6〕玉板，连叩数下，青莲涌出，每蕊旋①开，仙女取擘〔7〕三四枚，食之，乃乘云去。士良见金槌玉板尚在，跃下扣之，少顷复出，士良尽食之十数枚，顿觉身轻，即能飞举〔8〕，遂扪萝〔9〕寻向者五色云所。俄〔10〕见大殿崇宫，食莲女子与群仙处于中，睹之大惊，趋下以其竹杖连击，坠于洪崖涧，水甚净洁。因惫〔11〕熟睡，及觉〔12〕，见双鬟〔13〕小女，磨刀谓曰："君盗灵药，奉命来取君命。"士良大惧，俯伏求解救之。答曰："此应难免，惟有神液可以救君，君当以我为妻。"遂去，逡巡〔14〕持一小碧瓯〔15〕，内有饵〔16〕白色，士良尽食，复寝，须臾起，双鬟曰："药已成矣。"以示之七颗，光莹如空青色。士良喜叹，看其腹有似红线处，乃刀痕也。女以药摩之，随手不见。戒曰："但自修学，慎勿语〔17〕人，倘泄漏，腹疮必裂。"遂同住于湫侧，又曰："我谷神之女也，守护上仙灵药，故得救君耳。"至会昌〔18〕初，往往人见，于炭谷湫捕鱼不获，投一帖子，必随斤两数而得。〔19〕

校勘

① 蕊旋：原刻《学海类编》本作"叶施"，语义不通，此据宋代李昉等编《太平广记》引《逸史》明抄本改。

注释

〔1〕元和：唐宪宗李纯的年号，使用时间为公元806年至820年。

〔2〕万年县：位于长安城（今西安市）东北部，归属长安管辖，原是汉高祖安葬其父刘太公的万年陵的奉陵邑（为守护帝王陵园特别设置的县邑）。

〔3〕京尹：京城长安的行政长官。

〔4〕南山：终南山，长安南部秦岭山脉的一段，海拔 2000 米以上，是著名的隐居之地。

〔5〕炭谷湫（qiū）：终南山的一座山峰翠华山（唐代称太乙山）腹地的一个湖泊，位于长安城南部 20 余公里处。湫，水潭。

〔6〕椎（chuí）：棒形的敲击工具。

〔7〕擘（bāi）：同“掰”，用手把东西分开。

〔8〕飞举：飞升上天。

〔9〕扪（mén）萝：扪，攀援，萝，指代藤本植物。

〔10〕俄：俄而，不一会儿。

〔11〕惫（bèi）：特别疲乏。

〔12〕觉（jué）：醒过来。

〔13〕鬟（huán）：古代妇女头上梳的发髻（jì），盘在头上的发结。

〔14〕逡巡（qūn xún）：一刹那间。

〔15〕瓯（ōu）：杯子。

〔16〕飵（zuò）：麦子煮成的粥。

〔17〕语（yù）：告诉。

〔18〕会昌：唐武宗李炎的年号，使用时间为公元 841 年至 846 年。

〔19〕出处：唐卢肇《逸史》。

译文

唐代元和初年，万年县有个叫马士良的人犯了罪，当时进士出身的王爽是京城的长官，执法很严酷，准备杀了他。马士良就逃命到终南山，一直跑到炭谷湫的岸边，潜伏在大柳树下面。那时候天刚刚亮，马士良在湖水边看见从五彩祥云中落下一个仙女，仙女拿出金椎和玉板，接连敲了几下，就有青色的莲花从水面涌出，每个花苞都随即开放，仙女掰下了三四片花瓣来吃，吃完就乘着云彩远去了。马士良见到

仙女的金槌玉板还在原地，就跳过去击敲它，不一会儿莲花又涌出来，马士良一连吃了十几片，顿时感觉身体轻盈，当即能够飞上天空，就沿着藤萝攀援，寻找之前五彩祥云所在的位置。他攀爬了一会儿就看见了高大的殿阁宫阙，吃莲花的女子和一群仙女都在宫殿当中，她们看到马士良都大为吃惊，急忙跑下来用竹杖连续击打，马士良就坠落在洪崖涧，湖水非常干净。马士良因为疲倦而熟睡了，等到醒来的时候，看见有一个梳着两个发髻的女子，一边磨刀一边对他说："你偷盗了灵药，我奉命来取你性命。"马士良特别害怕，跪倒匍匐在地上求女子解救自己。女子回答说："本来这是难以避免的，只有神液可以救你，不过你要娶我为妻。"她说完就离开了，转瞬间又拿着一个青色的小杯子回来了，杯中有白色的麦子粥，马士良全都吃完，又接着睡，不久又起来，女子说："神药已经做成功了。"把七颗药给马士良看，光彩晶莹像天空的颜色。马士良高兴地感叹，看到自己的腹部有像红线的地方，正是刀划过的痕迹。女子用药摩擦那里，刀痕随之不见了。女子告诫马士良说："你只能自己修行学习，千万别告诉他人，倘若泄露天机，你肚子的疮口肯定会裂开。"之后两人就同住在炭谷湫的水边，女子又说："我是这里炭谷谷神的女儿，专门守护上仙的灵药，所以才能救你。"到了会昌初年，还时常有人能够看到他们，人们去炭谷湫捕鱼没有收获，只要向湖中投个帖子，必定能按照帖子上写的斤两数捕获到鱼。

元和中，有士人苏昌远，居苏州，属地有小庄，去官道十里。吴中水乡率[1]多荷芰[2]，忽一日见一女郎，素衣红脸，容质绝丽，若神仙中人，自是与之相狎，以庄为幽会之所。苏生惑之既甚，尝以玉环赠之，结系殷勤。或一日见槛前白莲花开敷[3]殊异，俯而玩之，见花房中有物，视乃所赠玉环也。因折之，其妖遂绝。[4]

注释

〔1〕率：副词，大都，大概。

〔2〕荷芰（jì）：就是荷花。

〔3〕敷（fū）：开花，花朵舒展开。

〔4〕出处：五代孙光宪《北梦琐言》引五代刘山甫《金溪闲谈》。

译文

元和年间，有个读书人叫苏昌远，他居住在苏州，在当地有个小庄园，距离官道十里路。吴中水乡大都有很多荷花，苏昌远有一天忽然看见一个女郎，衣服洁白面色红润，容貌气质艳丽超绝，仿佛是神仙一样的人，从此就和女郎交好，以小庄园为幽会的场所。苏昌远受女子诱惑越来越深，曾经送给女郎一个玉环，很殷勤地结带绑在女郎身上。有一天苏昌远看到栏杆前面的白莲花开放了与众不同，就俯下身仔细欣赏，看见莲花花心里有东西，拿来一看是自己送给女郎的玉环。他于是就把莲花折断了，那女妖也就不再出现了。

〔清〕恽寿平

午桥庄[1]小儿坡，茂草盈里，晋公[2]每使数群白羊散于坡上，曰："芳草多情，赖此妆点。"[3]

注释

〔1〕午桥庄：别墅名，位于唐代东都洛阳的南部定鼎门之外。

〔2〕晋公：唐代诗人、政治家裴度，他曾三度出任宰相，后受封晋国公，世称裴晋公。

〔3〕出处：唐冯贽《云仙杂记》引《穷幽记》。

译文

午桥庄的小儿坡，茂密的青草充塞了道路，裴度经常让好几群白羊散放在坡上，说："芳草萋萋可爱多情，有赖于白羊来妆点。"

白傅[1]用胡松节[2]支琴。[3]

注释

〔1〕白傅：唐代大诗人白居易，他曾做过太子少傅的官，所以人们称他为白傅或白太傅。

〔2〕胡松节：胡松，一种松树。松节，松树枝干的结节，松树上的木质瘤，是树体受到昆虫或细菌的侵害而形成的增生物质。

〔3〕出处：唐冯贽《云仙杂记》引《金徽（huī）变化篇》。

译文

白居易用胡松的木瘤来支撑琴。

上都[1]安业坊唐昌观，旧有玉蕊[2]甚繁，每发，若瑶林琼树。元和中，春物方盛，车马寻玩者相继。忽一日，有女子年可十七八，衣绣绿衣，乘马，峨髻[3]双鬟，无簪珥[4]之饰，容色婉约，迥出于众，从以二女冠[5]、三女仆，仆者皆丱[6]头黄衫，端丽无比。既下马，以白角扇障面，直造[7]花所，异香芬馥，闻于数十步之外。观者以为出自宫掖[8]，莫敢逼而视之。伫立良久，令小仆取花数十枝而出，将乘马，回谓黄冠者曰："曩者[9]玉峰之约，自此可以行矣。"时观者如堵，咸[10]觉烟霏鹤唳[11]，景物辉焕，举辔[12]百步，有轻风拥尘，随之而去，须臾尘灭，望之已在半天，方悟神仙之游。余香不散者，经月余日。[13]

注释

[1] 上都：上京都城，指长安城。

[2] 玉蕊：玉蕊花，高大乔木，具体品种不详，一说为琼花（荚蒾属植物），也有认为是白檀（山矾属植物）。

[3] 峨髻：高耸的发髻。

[4] 珥（ěr）：用珠子或玉石做的耳环。

[5] 女冠（guān）：古代对女道士的称呼。因道士的帽子多为黄色，故女冠又称女黄冠。

[6] 丱（guàn）：头发梳成两个上翘的角辫。

[7] 造：到，去。

[8] 宫掖（yè）：古人称妃嫔居住的宫殿为掖庭，宫掖就是宫中。

[9] 曩（nǎng）者：从前。

[10] 咸：全部，全都。

[11] 唳（lì）：高亢的鸣叫。

〔12〕辔（pèi）：驾驭牲口的缰绳。

〔13〕出处：唐康骈（pián）《剧谈录》。

译文

长安城安业坊唐昌观，以前有玉蕊花特别繁茂，每当花开就好像琼瑶仙树一般。元和年间，春天的景物正当繁盛，乘着车马来此处游览玩耍的人们一个接着一个。忽然有一天，有个十七八岁的女孩子，穿着绿衣服，乘着马，梳着高高的发髻和两个发结，没有佩戴簪子、耳环等首饰，容貌姿色婉约可爱，超出众人之上，跟着两个女道士、三个女仆，仆人都梳着两角辫穿着黄衣服，也是端庄美丽，没有别人能比得上的。她们下了马，用白角扇遮住面孔，径直前往玉蕊花生长的地方，周围香气芬芳扑鼻，几十步以外都可以闻得到。围观的人以为她们来自宫中，没有人敢走近了细看。那女子伫立在花树下很久，之后命令小仆人折取几十根花枝后一起走出来，将要乘马时，她回过头来对女道士说："之前的玉峰之约，可以从这里去赴约了。"当时观看的群众像一堵墙一样围着，都觉得烟雾蒙蒙之中有仙鹤的叫声传来，眼前的景物光彩异常，她们的车马举起缰绳走了一百步左右，就有微风吹动浮尘，簇拥着她们离开，不一会儿尘土消失，众人看见她们已经在半空中了，大家这才醒悟原来她们是神仙下界游玩来的。那里剩余的香气经过一月有余还是久久没有消散。

韩愈[1]侍郎有疏从[2]子侄自江淮来，年甚少，韩令学院中伴子弟，子弟悉为凌辱。韩知之，遂为街西假[3]僧院，令读书。经旬[4]，寺主纲[5]复诉其狂率[6]。韩遂令归，且①责曰："市肆贱类[7]营衣食，尚有一事长处，汝所为如此，竟作何物？"侄拜谢，徐曰："某有一艺，恨叔不知。"因指阶前牡丹曰："叔要此花青、紫、黄、赤，惟命也。"韩大奇之，遂给所须试之。乃竖箔曲尺[8]，遮牡丹丛，不令人窥，掘窠四面，深及其根，宽容[9]人座，惟赍②[10]紫矿、轻粉、朱红[11]，旦暮治其根，凡七日乃填③坑。白其叔曰："恨校[12]迟一月。"时初冬也，牡丹本紫，及花发，色白、红、黄、绿。每朵有一联诗，字色紫分明，乃是韩出官[13]时诗。一韵曰"云横秦岭家何在，雪拥蓝关马不前"十四字。韩大惊异，侄且辞归江淮，竟不愿仕[14]。[15]

按，此条出《酉阳杂俎》，与《太平广记》[16]（作"碧牡丹"）、《韩仙传》[17]（作"金莲"）叙事颇异，未知孰是。

校勘

① 且：原刻《学海类编》本作"具"，此据《酉阳杂俎》改。

② 赍：原刻《学海类编》本作"赉"，此据《酉阳杂俎》改。

③ 填：原刻《学海类编》本作"塡"，此据《酉阳杂俎》改。

注释

〔1〕韩愈：字退之，河南河阳（今河南省孟州市）人，自称"郡望昌黎"，世称"韩昌黎""昌黎先生"，唐代杰出的文学家、思想家、哲学家、政治家。韩愈担任过吏部侍郎的官职，所以下文称他为侍郎。

〔2〕疏从：指同宗同姓的堂房亲戚。

［3］假：借，借用。

［4］旬：十天为一旬。

［5］主纲：主持事务的人。

［6］狂率：狂妄轻率。

［7］市肆贱类：街市商铺里卑下的人。肆，店铺。古人重农轻商，人们的社会地位从高到低有“士农工商”的说法，商人最受轻视，所以韩愈说他们卑贱。

［8］箔（bó）曲尺：竹篾编成的平底长方形器物，透风且能遮阳。

［9］宽容：宽度可以容纳。

［10］赍（jī）：携带着，拿着。

［11］紫矿、轻粉、朱红：都是某些颜料矿物的名字。

［12］校：同“较”。

［13］出官：古代官吏从京城调到外地任职称为出官。

［14］仕：步入仕途，做官。

［15］出处：唐段成式《酉阳杂俎》。

［16］《太平广记》：宋代大臣李昉等人奉宋太宗之命编辑的500卷大型文言小说集，以汉代至宋初的纪实故事及道教、佛教故事等为主。

［17］《韩仙传》：一卷本的小说，旧本题作“唐瑶华帝君韩若撰”，作者在自序中说自己是韩愈的侄子。

译文

韩愈侍郎有一个堂房亲戚家的侄子从江淮地区来找他，年纪很小，韩愈命令侄子在学校里陪伴自家的孩子一起读书，那些孩子都被韩愈的侄子欺负了。韩愈知道后，就在街道西边借了一间僧院，命令侄子在那里读书。过了十天，寺院的负责人又来告诉韩愈他侄子的狂妄和轻率。韩愈就命令侄子回家，接着责骂他：“街市里面做衣食买卖的下等人尚且有一技之长，你这样胡作非为，究竟想干点什么事呢？”侄子下拜谢罪，慢吞吞地说：“我掌握着一门技术，可惜叔叔您不知道。”说完指着台阶前面的牡丹花说：“叔叔要这牡丹花是青

色、紫色、黄色还是红色，随您吩咐。”韩愈听后十分惊讶，就提供给侄子他所需要的东西来测试他的话是否属实。侄子就竖起竹篾编成的大筛子，把牡丹花丛都遮蔽起来，不让别人偷看，在牡丹的四周挖坑，深达根部，土坑宽度可以容纳一个人坐进去，只带着各种颜色的矿物，从早到晚都在整治牡丹的根，像这样过了七天才把坑填上。他告诉叔叔说：“可惜等到花开还需要一个月。”当时正值初冬，牡丹的花本是紫色的，可经过韩愈侄子培育的花开了，色彩有白有红，有黄有绿。每朵花上还有一句诗，文字的颜色是紫色的，很显眼，都是韩愈外放地方官时写的诗。其中有一句是“云横秦岭家何在，雪拥蓝关马不前”十四个字。韩愈看了感到非常惊奇。他侄子却告辞回江淮老家了，说什么也不肯出来做官。

陈诗教按，这一条出自《酉阳杂俎》，跟《太平广记》(里面的植物是碧牡丹)和《韩仙传》(里面的植物是金莲)的叙事有一些区别，不知道哪本书是正确的。

唐郑光[1]讌饮[2]，把酒曰："某改令[3]，身上取果子名，云'膍脐'[4]。"薛保逊[5]还令云："脚杏[6]。"满座大笑。[7]

注释

〔1〕郑光：唐朝外戚，唐宣宗李忱（chén）生母孝明皇太后郑氏的弟弟。

〔2〕讌饮：即宴饮，举行宴会。"讌"同"宴"。

〔3〕令：酒令，古人在喝酒时做的一种助兴的游戏，有诗词联句、猜谜、说俏皮话等文字形式，也有击鼓传花、猜拳等动作行为。

〔4〕膍脐（pí qí）：肚脐眼儿。膍，胃。这是谐音"荸荠（bí qi）"，又名马蹄、地梨，莎草科乌芋属多年生草本植物，生于湿地或沼泽，地下茎膨大呈扁圆球形，皮黑肉白，可供食用，菜果两宜。

〔5〕薛保逊：唐代官吏，曾任职给（jǐ）事中，负责辅佐皇帝，监察六部。

〔6〕脚杏：即鸭脚杏，银杏树果实的别名。谐音"脚心"。

〔7〕出处：宋李昉等编《太平广记》卷二六一引《卢氏杂说》。

译文

唐代郑光在组织宴会饮酒时，拿着酒杯说："我来改换一个酒令，用人身体上的部位来谐音水果的名字，我先说一个叫'膍脐'（荸荠）。"薛保逊还给他一个酒令："脚杏（脚心）。"在场所有的人都大笑起来。

阮文姬[1]插鬓用杏花，陶溥公呼曰"二花"。[2]

注释

〔1〕阮文姬：生平不详，清代学者俞樾（yuè）根据这条记载尊其为杏花花神。下文的陶溥公也未详何人。

〔2〕出处：唐冯贽《云仙杂记》引《河东备录》。

译文

阮文姬用杏花插在头发间，陶溥公称呼其为"二花"。

文宗[1]朝，朔方节度使[2]李进贤[3]，雅好宾客。有中朝[4]宿德[5]，尝造其门，属[6]牡丹盛开，因以赏花为名。及期而往，厅①事[7]备陈饮馔，宴席之间，已非寻常。举杯数巡，复引众宾归内，室宇华丽，楹柱[8]皆设锦绣，列筵甚广，器用悉是黄金。阶前有花数丛，覆以锦幄[9]。妓女[10]俱服罗绮，执丝簧[11]，善歌舞者至多。客之左右，皆有女仆双鬟者二人，所须无不必至，承接之意，常日指使者不如。芳酒绮肴[12]，穷极水陆。至于仆乘[13]供给，靡不丰盈。自午迄于明晨，不睹杯盘狼藉[14]。[15]

校勘

① 厅：原刻《学海类编》本作“听”，此据《剧谈录》改。

注释

〔1〕文宗：唐文宗李昂，公元 826 年至 840 年在位。

〔2〕朔方节度使：又称灵州节度使、灵武节度使，是唐朝为巩固西北地区边防而设置的节度使，治所在灵州（位于今宁夏吴忠市境内）。节度使，唐代设置的地方军政机构，其长官也叫节度使（节度意为节制调度），设立初期主要管理地方军队、国防事务，后期权力不断扩大，包揽所在地区的军、民、财、政各项大权，到了唐代末年，中央朝廷已无力有效管辖各地节度使，节度使事实上成了一个个自行其是的小朝廷。

〔3〕李进贤：唐代官吏，曾任河阳节度使、泗州刺史、朔方节度使、御史大夫等官职。

〔4〕中朝：即朝中，中央朝廷里面。

〔5〕宿德：年高而有德望的人。宿（sù），年老的。

〔6〕属（zhǔ）：同“嘱”，嘱咐，指李进贤叮嘱朋友们来看花。

〔7〕厅事：原指官府处理政务的大厅，后私人住宅的客厅也可称厅事。

〔8〕楹（yíng）柱：厅堂前方起支撑作用的大柱子。

〔9〕幄：帐子，帘幕。

［10］妓女：古代表演歌舞杂技的女性艺人，又写作“伎女”，古汉语中并不专指从事卖淫的女子。

［11］丝簧（huáng）：泛指音乐。丝，弦乐；簧，管乐。

［12］肴（yáo）：做熟的肉类菜品。

［13］乘（shèng）：车马。

［14］狼藉：凌乱，不整洁。

［15］出处：唐康骈《剧谈录》。

译文

唐文宗时期，朔方节度使李进贤爱好结交宾客。一些朝中的大臣经常登门拜访他，李进贤嘱咐他们牡丹花开时让他们前来赏花。到了约定的日期，客厅里准备好了吃的喝的，宴席中的东西都显得非比寻常。举杯畅饮了几次，李进贤带领众宾客进入内室，那里装饰华丽，厅堂前面的柱子上都裹着锦绣，铺张开来的筵席很长，使用的器皿都是黄金打造的。台阶前面有几丛牡丹花，也都覆盖着锦缎的幕布。家里的歌舞伎们都穿着上好的丝绸衣服，手拿管弦乐器，擅长唱歌跳舞的人非常多。宾客的旁边，都站着两个梳圆环状双髻的婢女，客人需要的事物即时奉上，接待应答的殷勤程度是宾客们日常遇到的侍者所比不上的。李进贤安排的食物里有美酒佳肴，水里陆地上出产的各样美食都有。至于说仆人车马的供给，也无不充足。宴会从中午直到第二天早晨，也一直看不到杯盘凌乱的场景。

李凉公[1]镇朔方，有甿[2]园树下产菌一本，其大数尺，上有楼台，中有二叟对博[3]，刻成三字，曰“朝荣观”。公令甿掘地数尺，有巨蟒目光如镜，吐沫成菌。是夜，公梦黄衣人致命曰：“黄庐公[4]昨与朝荣观主[5]博，为愚人[6]持献公。”[7]

注释

〔1〕李凉公：李逢吉，字虚舟，唐朝宰相，受封为凉国公，世称李凉公。

〔2〕甿（méng）：同“氓”，农民。

〔3〕对博：面对面博戏。“博”原是古代一种棋类游戏，后泛指赌博游戏。

〔4〕黄庐公：指前文的巨蟒变化成的妖精，蟒蛇皮肤有黄褐色的斑块和条纹，所以蟒蛇精穿黄衣服。

〔5〕朝荣观主：上文的菌类植物变化成的妖精。

〔6〕愚人：无知的人，指上文掘地数尺的农民。

〔7〕出处：宋曾慥《类说》。

译文

李逢吉镇守朔方地区的时候，当地有个农民园子里的树下长出了一株菌类植物，大小有好几尺，上面还有亭台楼阁，其中有两个老头在对赌，楼上刻着三个字“朝荣观”。李逢吉命令农民就地挖掘，下面几尺的地方有条巨大的蟒蛇，目光像镜子一样闪亮，吐出来的唾沫变成了菌类植物。那天晚上，李逢吉梦见有个穿黄衣服的人托梦给他：“黄庐公昨天跟朝荣观主玩赌博游戏，结果被无知的农民拿着献给你了。”

郑余庆[1]与人会食[2]，日高，众客皆馁[3]，余庆呼左右曰："烂蒸去毛，莫拗[4]折项[5]。"诸人相顾，以为必蒸鹅鸭。良久就餐，每人前下粟米饭一器，蒸葫芦一枚，余庆餐羹，诸人强进而罢。[6]

按，此条一作卢怀慎[7]事。

注释

〔1〕郑余庆：字居业，唐朝文人、官吏，唐德宗、顺宗时期曾两度出任宰相。

〔2〕会食：聚餐。

〔3〕馁（něi）：饥饿。

〔4〕拗（ǎo）：弯曲，折断。

〔5〕项：颈项，脖子。

〔6〕出处：宋李昉等编《太平广记》引《卢氏杂说》。

〔7〕卢怀慎：唐中宗、玄宗时期宰相。

译文

郑余庆跟人聚在一起用餐，日头高了，众位宾客都很饥饿，郑余庆就吩咐左右："蒸得烂一些，把毛去除，不要折断它的脖子。"众人互相看了看，认为郑大人一定是吩咐下人蒸煮鹅鸭。过了好一会儿才开饭，每人面前只有一碗粟米饭和一个蒸烂的葫芦，郑余庆吃得很顺利，别人只好勉强吃进去了事。

陈诗教按，这则故事，有的书上说是卢怀慎的事迹。

唐韩弘[1]罢宣武节度，归长安，私第有牡丹杂花，命斸[2]去之，曰："吾岂效儿女辈耶？"当时为牡丹包羞[3]之不暇。[4]

注释

〔1〕韩弘：唐朝中期将领，曾两度出任宰相。

〔2〕斸（zhú）：同"斲"，砍，挖。

〔3〕包羞：忍受羞辱。

〔4〕出处：宋严有翼《艺苑雌黄》。

译文

唐代韩弘被罢免了宣武节度使的官职，回到长安，他的私宅里有牡丹花和一些其他花卉，韩弘命令下人把花全部挖掉，说："我怎么能效仿小孩子家摆弄花草呢？"当时的人们都纷纷为牡丹喊冤叫屈。

牛僧孺[1]治第[2]洛阳，多致佳石、美花，与宾客相娱乐。[3]

注释

〔1〕牛僧孺：字思黯，唐穆宗、唐文宗时宰相，唐代后期重大政治事件"牛李党争"的核心人物，牛党的领袖。

〔2〕第：宅第，住宅。

〔3〕出处：这是陈诗教对《旧唐书·牛僧孺传》的改写，传文原文是："洛都筑第于归仁里，任淮南时，嘉木怪石，置之阶廷，馆宇清华，竹木幽邃。"（《旧唐书》卷一七二）

译文

牛僧孺在洛阳购买住宅，在家里布置了很多好看的石头、美丽的花卉，和宾客朋友们一起娱乐。

唐常鲁使西蕃[1]，烹茶帐中，谓蕃人曰："涤烦疗渴，所谓茶也。"蕃人曰："我此亦有。"命取以出，指曰："此寿州[2]者，此顾渚[3]者，此蕲门[4]者。"[5]

注释

〔1〕西蕃（bō）：指吐蕃，唐代生活在青藏高原上的少数民族政权。

〔2〕寿州：地名，位于今安徽省淮南市寿县境内。

〔3〕顾渚：山名，位于今浙江省湖州市长兴县城西北。

〔4〕蕲（qí）门：即祁门，县名，因县城东北有祁山，西南有阊门而得名，今属安徽省。

〔5〕出处：唐李肇《国史补》。

译文

唐代常鲁出使吐蕃，在帐篷里煮茶，对吐蕃人说："能够洗涤烦恼，消解口渴，这就是我们所说的'茶'。"吐蕃人说："我这里也有啊。"并且命令下人拿出来，指着说："这是寿州茶，这是顾渚茶，这是祁门茶。"

侯穆[1]有诗名，因寒食[2]郊行，见数少年共饮于梨花下，穆长揖[3]就坐，众皆哂[4]之，或曰："能诗者饮。"乃以梨花为题，穆吟云："共饮梨花下，梨花插满头。清香来玉树，白酿①[5]泛金瓯[6]。妆靓青蛾妒，光凝粉蝶羞。年年寒食夜，吟绕不胜愁。"众客搁②笔。[7]

校勘

① 酿：原刻《学海类编》本作"蚁"，此据《云斋广录》改。

② 搁：原刻《学海类编》本作"阁"，此据文意改。

注释

〔1〕侯穆：字清叔，蔡州（今河南省汝南县）人，进士及第。侯穆是宋代人，陈诗教将他归于唐代，未知何故。

〔2〕寒食：古人称清明的前一两天为寒食。

〔3〕揖（yī）：作揖，古人的行礼动作，双手抱拳拱手，置于胸前，同时身体向对方微微鞠躬。

〔4〕哂（shěn）：讥笑，含有轻蔑意味的微笑。

〔5〕白酿：白酒。

〔6〕金瓯：酒杯。

〔7〕出处：宋李献民《云斋广录》。

译文

侯穆有善于写诗的名声，有一回寒食的时候郊游，看到几个少年坐在梨花树下一起喝酒，侯穆对他们作揖然后就坐下了，众人都很轻蔑地笑笑，有人说："会写诗的人才能喝酒。"于是大家就以梨花为题目写诗，侯穆吟咏道："共饮梨花下，梨花插满头。清香来玉树，白酿泛金瓯。妆靓青蛾妒，光凝粉蝶羞。年年寒食夜，吟绕不胜愁。"众人听了很佩服，就搁笔不写了。

荆州[1]张七政，多戏术，尝取马草一掬[2]，再三挼[3]之，悉成灯蛾。[4]

注释

〔1〕荆州：古称“江陵”，今湖北省荆州市。

〔2〕一掬（jū）：一捧。

〔3〕挼（ruó）：两只手掌夹着揉搓。

〔4〕出处：唐段成式《酉阳杂俎》。

译文

荆州人张七政，会变很多戏法，曾经拿着一捧马吃的草料，反复揉搓，把它都变成了绕着灯飞的蛾子。

雷威[1]遇大风雪中，独往峨眉[2]酣饮[3]，着蓑笠[4]入深松中，听其声连延悠飏[5]者伐之，斲[6]以为琴，名曰“松雪”。[7]

注释

〔1〕雷威：唐代著名的琴师，善于制琴，时人誉为“雷公琴”。

〔2〕峨眉：山名，位于四川省乐山市峨眉山市境内。

〔3〕酣饮：畅饮，痛饮，大量饮酒。

〔4〕蓑笠（suō lì）：用棕皮等材料编制的雨衣和帽子。

〔5〕悠飏：即悠扬，形容声音回荡传播很远。“飏”同“扬”。

〔6〕斲（zhuó）：同“斫”，用刀劈砍。

〔7〕出处：宋佚名《采兰杂志》。

译文

雷威遇到大风雪，他在雪中独自前往峨眉山，先喝大量的酒，再戴着蓑笠进入松树林中，侧耳倾听风吹松树的声音，听到悠扬婉转、连绵不绝的就砍倒，雕琢成琴，起名叫“松雪”。

段成式[1]食茄子，偶问张周封[2]茄子故事[3]，张云具《食疗本草》[4]。[5]

注释

〔1〕段成式：晚唐诗人、小说家、藏书家，在文坛与李商隐、温庭筠（yún）齐名，著有《酉阳杂俎》。

〔2〕张周封：唐代官吏，当时任职工部员外郎。

〔3〕故事：典故，掌故，这里指有关茄子的古书记载。

〔4〕《食疗本草》：唐代医学家孟诜（shēn）撰写的介绍多种食物的医药学价值的书。

〔5〕出处：唐段成式《酉阳杂俎》。

译文

段成式吃茄子，偶然问官员张周封有关茄子的典故，张周封说具体内容在《食疗本草》上有记载。

唐张籍[1]性眈[2]花卉，闻贵侯家有山茶一株，花大如盎[3]，度不可得，乃以爱姬柳叶换之，人谓张籍“花淫”。[4]

注释

［1］张籍：字文昌，唐代诗人，和州乌江（今安徽省和县乌江镇）人。

［2］眈（dān）：同“耽”，沉溺，溺爱。

［3］盎（àng）：古代的一种盆。

［4］出处：未详。明冯梦龙《古今谭概》、王路《花史左编》亦录。

译文

唐代张籍生性十分爱好花卉，他听说某个贵族家中有一株山茶花，开出的花朵有小盆子那么大，估计难以轻易获得，就用自己喜爱的姬妾柳叶来交换，人们都说张籍是“花淫”，是个爱花成癖的人。

武宗[1]朝术士[2]许元长善变幻，尝奉诏取东都[3]石榴，逾夕寝殿始开，金盘满贮，致于御榻，俄有使奉进，以所失数上闻，其灵验如此。又有王琼妙于化物，无所不能，方冬以药栽培桃杏数株，一夕繁英尽发，芳蕊浓艳，月余方谢。[4]

注释

〔1〕武宗：唐武宗李炎，公元 840 年至 846 年在位。

〔2〕术士：研究神奇道术的人。

〔3〕东都：唐代东都洛阳。

〔4〕出处：唐康骈《剧谈录》。

译文

唐武宗时期的术士许元长善于变幻之术，曾经奉皇帝的诏令取洛阳的石榴，过了一晚寝宫的门刚打开，许元长就拿着满满一金盘石榴，一直捧到武宗的龙床前面，不多久有官员进宫汇报，把洛阳丢失的石榴数量告诉皇帝，全无差错，许元长的法术就是这么灵验。还有个叫王琼的人也善于育化外物，无所不能，能够在冬季刚到来时用药物栽培几棵桃树和杏树，过了一晚繁花盛开，芬芳的花蕊浓丽美艳，过了一个多月才凋谢。

京国[1]花卉之晨[2]，尤以牡丹为上。至于佛寺道观，游览者罕不经历。慈恩[3]浴堂院有花两丛，每开及五六百朵，繁艳芬馥，近少伦比。有僧思振常话，会昌[4]中朝士[5]数人，寻芳徧[6]诣僧舍。时东廊院有白花可爱，相与倾酒而坐，因云："牡丹之盛，盖亦奇矣。然世之所玩者，但浅红、深紫而已，竟未识红之深者。"院主老僧微笑曰："安得无之？但诸贤未见耳。"于是从而诘之，经宿不去。云："上人向来之言，当是曾有所睹，必希相引寓目[7]，春游之愿足矣。"僧但云："昔于他处一逢，盖非辇毂[8]所见。"及旦，求之不已，僧方吐言曰："众君子好尚如此，贫道又安得藏之？今欲同看此花，但

〔清〕居　廉

未知不泄于人否？”朝士作礼而誓云：“终身不复言之。”僧乃自开一房，其间施设幡像〔9〕，有板壁遮以旧幕，幕下启开而入，至一院，有小堂两间，颇甚华洁，轩庑〔10〕栏槛皆是柏材。有殷红牡丹一窠，婆娑几及千朵，初旭才照，露华半晞，浓姿半开，炫耀心目。朝士惊赏，留恋及暮而去。僧曰：“予保惜栽培近二十年矣，无端出语，使人见之，从今以往，未知何如耳。”信宿〔11〕，有权要子弟，与亲友数人同来，入寺至有花僧院，从容良久，引僧至曲江闲步。将出门，令小仆寄安茶笈〔12〕，裹以黄帕。于曲江岸，藉草而坐。忽有弟子奔走而来，云有数十人入院掘花，禁之不止。僧俛〔13〕首无言，惟自吁叹，坐中但相盼而笑。既而却归，至寺门，见以大畚〔14〕盛花舁〔15〕而去，取花者徐谓僧曰：“窃知贵院旧有名花，宅中咸欲一看，不敢预有相告，盖恐难于见舍。适〔16〕所寄笼子中，有金三十两，蜀茶二斤，以为酬赠。”〔17〕

注释

〔1〕京国：京城，指唐代都城长安。

〔2〕晨：清晨，早上。这里指的是一年之中牡丹占花事之先。

〔3〕慈恩：慈恩寺，长安城内最大的寺院。

〔4〕会昌：唐武宗李炎的年号，使用时间为公元 841 年至 846 年。

〔5〕朝（cháo）士：朝廷中的官员。

〔6〕徧（biàn）：同“遍”，遍及，到处。

〔7〕寓目：过目，看过了。

〔8〕辇毂（niǎn gǔ）：原意指天子的车马、车驾，这里指代京城长安。

〔9〕幡像：画在长方形幕布上的佛像。

〔10〕庑（wǔ）：堂屋周围的走廊。

〔11〕信宿：连续住宿两晚，这里指过了两天。

［12］安茶笈（jí）：安放茶具的竹箱。笈，用竹、藤编织的箱子。

［13］俛（fǔ）：同“俯”，弯下身体。

［14］畚（běn）：畚箕（jī），用竹木等材料制成的铲形器具，用来运土，或扫除垃圾，也叫“簸箕（bò jī）”“畚斗”。

［15］舁（yú）：携带，搬运。

［16］适：刚才，方才。

［17］出处：唐康骈《剧谈录》。

译文

长安城里花卉中开放最早的，以牡丹花为上品。像佛寺、道观这些地方，出门游玩的人很少有不经过的。慈恩寺中的浴堂院有两丛牡丹花，每次开放多达五六百朵，繁茂艳丽、芬芳馥郁，近来少有能与之相比的。有个法号叫思振的僧人经常说道，会昌年间有几个朝中官员，为了寻找春花走遍了僧房。当时东边的廊院里有白花惹人喜爱，大家一起坐下饮酒，有人说：“牡丹花的盛况，也算是奇特的景象啦。但是现在市面上人们玩赏的，只有浅红色、深紫色的牡丹而已，竟然从来没有看到过深红色的牡丹。”寺院的主持老和尚微笑着说：“怎么会没有呢？只不过你们诸位没见过罢了。”于是大家纷纷向老和尚追问，过了一晚还不离开。他们说：“从法师之前说的话来看，您应当曾经亲眼目睹过，希望您一定要领着我们见识一下，这样我们出来春游才能心满意足。”老和尚只说：“过去在其他地方碰见过，并不是京城能看到的。”到了天明，那些人还是不断请求，老和尚这才吐露真言：“众位君子如此崇尚牡丹，老僧我又怎么能隐瞒呢？现在你们想要一同观赏这种花，只是不知道能否不泄露给别人呢？”官员们一边行礼一边发誓：“终身不再提起。”老和尚于是打开了一间房，木板墙壁上遮着旧幕布，把幕布放下打开木板门才能进入，到了一处院子，有两间小堂屋，很是整洁，廊柱栏杆都是柏木材质。那里生长着一株深红色的牡丹，花枝摇曳多达千朵，早晨的阳光刚刚照上去，枝头的露水还没干透，浓艳的花苞正开了一半，真是震慑人的心目。官员们惊喜地观赏，流连花下到黄昏才离去。老和尚说：“我养护、爱惜、栽培这株牡丹接近二十年了，无意之间说出去，让外人看见了，从今往后，还不知道会怎么样呢。”两天以后，有权贵家的人和亲友一起来慈恩寺，到了栽种牡丹的僧院，悠闲漫步了很久，又约老和尚到曲江散步。要出门的时候，命令仆人在寺里寄放装有茶具的箱子，箱子外面用黄色的布帕包裹着。他们在曲江岸边，坐在草地上。忽然寺里的弟子奔跑过来，说有几十个人进寺院挖掘牡丹花，难以阻止。老和尚低头不语，只是独自叹气，座中其他人相视而笑。过了不久老和尚回到寺院，走到门口，就看见他们用大籧篨装着牡丹花抬着离开了，拿花的人慢慢地告诉老和尚：“我们私下里得知贵寺有名花，家里人都想看一看，不敢事先告诉您，怕您难以割舍。刚才寄放在寺里的箱笼中有三十两黄金、两斤蜀茶，是对您的酬谢。”

轩辕先生[1]，居罗浮山[2]，唐宣宗[3]召至禁中，能以桐竹叶，满手按之，悉成钱。又尝语及京师无荳蔻花[4]及荔枝，俄顷出二花，皆连枝叶，各数百，鲜明芳洁，如才折下。[5]

按，宣宗朝又有术士董元素[6]金盘柑橘事，与许元长石榴事颇同，因不复载。

注释

〔1〕轩辕先生：姓轩辕，名集，生平不详，有道术。

〔2〕罗浮山：位于广东省惠州市博罗县的西北部，平均海拔 1000 多米，方圆 200 多平方公里。

〔3〕唐宣宗：李忱，公元 846 年至 859 年在位，年号大中。

〔4〕荳蔻（dòu kòu）花：即白豆蔻，蘘荷科豆蔻属多年生常绿草本植物，形似芭蕉，叶厚，开浅黄花，果实形似葡萄，初时微带青色，成熟时变成白色，种子有辛辣香气，可入药。

〔5〕出处：唐令狐澄《大中遗事》。

〔6〕董元素：唐宣宗时期的术士，善于隔空取物，有一次宣宗在长安想吃江南产的柑橘，董元素使用法术顷刻间就变出来了。事见南唐尉迟偓《中朝故事》。

译文

轩辕先生居住在罗浮山，唐宣宗召见他到皇宫里来，他能够取桐竹叶，拿手按压以后，就都变成铜钱。唐宣宗又曾经说到京城没有豆蔻花和荔枝，轩辕先生听了不一会儿就拿出两种花，都连着枝叶，各有数百朵，鲜艳明亮芬芳洁净，好像刚刚才折下的样子。

陈诗教按，唐宣宗年间还有个叫董元素的术士用金盘变出柑橘的故事，和许元长变出石榴的事情类似，因而不再收录。

唐懿宗[1]闻新第宴于曲江，乃命折花一金合[2]，令中官[3]驰至宴所，宣口敕[4]曰："便令戴花饮酒。"无不为荣。[5]

按[6]，唐进士杏园[7]初会，为探春宴，以少俊二人为探花使，遍游名园，若他人先折得花，则二人皆罚以金谷酒数[8]。

注释

〔1〕唐懿宗：李漼（cuī），859年至873年在位。

〔2〕合：同"盒"，盒子。

〔3〕中官：宦官，太监。

〔4〕口敕（chì）：皇帝口授的诏令。

〔5〕出处：宋秦再思《洛中纪异》，又名《洛中纪异录》《纪异录》。

〔6〕按：这条按语出自唐李绰《秦中岁时记》。

〔7〕杏园：长安城内的一处园林，在曲江附近，园内种有不少杏树，新科进士常在这里举办宴席。

〔8〕金谷酒数：宴饮时罚酒的斗数，古时常指罚酒三杯的意思。

译文

唐懿宗听说新科进士在曲江宴饮，就命令侍从折花盛满一金盒，让宦官骑马送到举办宴会的地方，宣布皇帝的口令："让进士们头戴鲜花饮酒。"众人没有不引以为荣的。

陈诗教按，唐代的进士在杏园里集会，称之为探春宴，会选出两个年轻俊秀的进士作为探花使者，游遍名园，如果别人先折到了花，两个使者就要被罚酒三杯。

唐马郁[1]，滑稽狎侮[2]，每赴监军张承业[3]宴，出异方珍果，食之必尽。一日承业私戒主膳者，惟以干莲子置前，郁知不可啖，异日靴中置铁槌，出以击之，承业大笑曰："为公易馔，勿败予案。"[4]

注释

〔1〕马郁：五代后唐的官吏，曾为后唐武帝李克用称帝前的幕僚。

〔2〕滑稽狎侮（huá jī xiá wǔ）：滑稽，人的行为举止诙谐有趣；狎侮，人的行为散漫轻率。

〔3〕张承业：字继元，唐末宦官，本姓康，幼年入宫被宦官张泰收为养子后改姓，曾任河东监军。

〔4〕出处：宋薛居正等撰《旧五代史·唐书·马郁传》。

译文

唐代的马郁，性格诙谐举止轻率，每次赴监军张承业的宴会，主人拿出各地方的珍奇果品，他都会吃完。一天张承业私底下命令主厨只放些干莲子在马郁桌前，马郁知道干莲子难以食用，转天在靴子里放了铁锤，吃饭时拿出来要敲碎莲子，张承业大笑着说："我还是为您换些吃食吧，别弄坏了我的桌子。"

唐末刘训者，京师富人，京师春游以牡丹为胜赏，训邀客赏花，乃系水牛累〔1〕百于门，指①曰：“此刘氏黑牡丹也。”〔2〕

校勘

① 指：原刻《学海类编》本作“人指”，语义有误，此据《事文类聚》改。

注释

〔1〕累（lěi）：累计。

〔2〕出处：宋祝穆《事文类聚》。

译文

唐末的刘训是京师的富人。京城里人们春游以观赏牡丹为盛事，刘训邀请宾客赏花，把百余头水牛系在门口，刘训指着水牛说：“这就是我刘家的黑牡丹啊。”

卷下

五代

邺中[1]环桃[2]特异，后唐庄宗[3]曰：“昔人以橘为千头木奴[4]，此不为余甘尉[5]乎？”[6]

注释

〔1〕邺中：三国时魏国的都城邺，故址位于今河北省临漳县。

〔2〕环桃：一种特殊品种的桃子，果实扁圆形，应当就是现在常见的蟠桃。

〔3〕后唐庄宗：后唐（923—936）是五代十国时期由沙陀族建立的王朝，定都洛京（今洛阳），庄宗是后唐开国皇帝李存勖（xù）的庙号。

〔4〕千头木奴：见本书卷上丹阳太守李衡种柑橘之事。

〔5〕尉：古时一种武官的官职，这里是对桃子的拟人化称呼。

〔6〕出处：宋陶谷《清异录》。

译文

邺城里面的环桃长得特别奇异，后唐庄宗说：“过去人家称呼柑橘为‘千头木奴’，如今这桃子难道不是我的甘尉吗？”

唐明宗[1]同王淑妃看花，一花无风摇动，众叶翻然覆之。明宗笑曰："此淑妃明秀，花见亦为之羞也。"自后，宫中呼为"花见羞"。[2]

注释

〔1〕唐明宗：后唐第二位皇帝李嗣源，926 年至 933 年在位。

〔2〕出处：元龙辅《女红余志》。

译文

唐明宗和王淑妃一起看花，有一朵花没有风也摇动，周围的叶子都翻卷过来覆盖住花朵。唐明宗笑着说："这是因为淑妃明丽秀美，花见了也自觉羞愧。"从此以后，宫里都称呼王淑妃为"花见羞"。

显德[1]初，大理徐恪尝以其乡铤子茶贻[2]陶谷[3]，茶面印文，曰"玉蝉膏"，又一种曰"清风使"。[4]

注释

〔1〕显德：后周太祖郭威的年号，后世宗、恭帝也未改元，使用时间为 954 年至 960 年。

〔2〕贻（yí）：赠送。

〔3〕陶谷：字秀实，五代宋初的官员，历仕后晋、后汉、后周、北宋，历任礼部尚书、刑部尚书、户部尚书等官职。

〔4〕出处：宋陶谷《清异录》。

译文

显德初年，大理的徐恪曾经把他家乡的一种"铤子茶"送给陶谷，茶砖上面印有文字，叫"玉蝉膏"，还有一种叫"清风使"。

和凝[1]在朝，率同列[2]递日以茶相饮，味劣者有罚，号为“汤社”。[3]

注释

〔1〕和凝：五代时期文学家、官吏，历仕后梁、后唐、后晋、后周，曾为后晋的宰相。

〔2〕同列：同事，同僚。

〔3〕出处：宋陶谷《清异录》。

译文

和凝在朝廷上，率领同僚们每天轮换着携带茶水来喝，味道不好的有惩罚措施，号称为“茶汤的集会”。

南唐[1]保大[2]二年，国主[3]幸饮香亭，赏新兰，诏苑令[4]取沪溪[5]美土为馨列侯[6]壅培[7]之具。[8]

注释

［1］南唐：五代十国时期李昪（biàn）在江南建立的政权，定都江宁（今南京），存在时间为937年至975年。

［2］保大：南唐第二位皇帝李璟（jǐng）年号，使用时间943年至957年。

［3］国主：即南唐皇帝李璟，943年至961年在位，他在958年因受后周的威胁而削去帝号，改称南唐国主。

［4］苑令：管理御花园的官吏。

［5］沪溪：河流名，具体方位不详。

［6］馨列侯：即上文提到的李璟到饮香亭观赏的兰花，被李璟册封为侯爵。馨，散布很远的香气，列，同“烈”，馨烈意为兰花的香气很强烈。

［7］壅（yōng）培：栽培，培植。壅，在植物的根部培土、培肥。

［8］出处：宋陶谷《清异录》。

译文

南唐保大二年（944），国主李璟驾临饮香亭，观赏新生的兰花，下达诏令给御花园管理者，让他们从沪溪取上好的土壤，用于栽培兰花“馨列侯”。

李后主[1]每春盛时，梁栋、窗壁、柱栱、阶砌，并作隔筒，密插杂花，榜曰“锦洞天”。[2]

注释

〔1〕李后主：南唐后主李煜，961年即位，975年兵败降宋，被俘至宋都汴京，封违命侯，978年遭宋太宗毒杀。

〔2〕出处：宋陶谷《清异录》。

译文

李后主在每年春天花开得正好的时候，在门梁、窗沿、柱子、台阶等地方，隔段距离就放置一个竹筒，密密麻麻地插上各种花卉，并张贴榜文说这是“锦洞天”。

李后主宫人秋水，喜簪异花，芳香拂鬓，尝有粉蝶绕其间，扑之不去。[1]

注释

〔1〕出处：未详。明陈继儒《小窗幽记》亦录。

译文

李后主的宫女秋水，喜欢头戴珍奇的花卉，以至于满头鬓发都有芳香，不时还有蝴蝶绕着秋水的头发飞舞，挥手扑打也不离开。

江南[1]宜春王从谦[2]，春日与妃侍游宫中后圃，妃侍睹桃花烂开，意欲折，而条[3]高，小黄门[4]取彩梯献。时从谦正乘骏马击球，乃引鞚[5]至花底，痛采芳菲，顾谓嫔妾曰：“吾之绿耳梯[6]何如？”[7]

注释

〔1〕江南：即南唐，公元 971 年，因受到宋太祖军队的威逼，李煜除去“唐”国号，改称江南国主，故称。

〔2〕从谦：李从谦，李煜的弟弟，封宜春王。

〔3〕条：枝条，树枝。

〔4〕黄门：太监，宦官。东汉时期的黄门令官职常由宦官出任，后遂称宦官为黄门。

〔5〕鞚（kòng）：带马嚼子的马笼头，这里指代马。

〔6〕绿耳梯：指代马。古汉语中的“绿”有乌黑色的意思，马的耳朵是黑色，故称绿耳。

〔7〕出处：宋陶谷《清异录》。

译文

南唐宜春王李从谦，曾经有一回春天和妃子、侍从们游览宫里的后花园，妃子们见到桃花开得灿烂，就想去折下来，但是枝条很高，小太监就献上彩布包裹的梯子。当时李从谦正在骑着骏马打马球，就引着马到桃花树底下，大肆采摘桃花，还回头对嫔妾们说：“我这个黑耳朵的梯子怎么样？”

伪唐[1]徐履掌建阳茶局，弟复治海陵盐政，盐检烹炼之亭，榜曰“金卤”，履闻之，洁敞[①]焙舍，命曰“玉茸”。[2]

校勘

① 敞：原刻《学海类编》本作“敝”，此据《清异录》改。

注释

〔1〕伪唐：即南唐，南唐烈祖李昪建立南唐之前，自称是唐宪宗之子建王李恪的四世孙，所以定国号为“唐”，这一点不为当时中国北方的政权特别是刚建立的北宋所承认，所以称之为伪唐。

〔2〕出处：宋陶谷《清异录》。

译文

南唐的官员徐履主管建阳茶局，他弟弟徐复治理海陵盐政，制盐场所里烹煮炼制盐的亭子，取名叫“金卤（lǔ）”，徐履听说了，就把茶局里烘焙茶叶的房子打扫干净，取名“玉茸（qì）”。

润州[1]鹤林①寺有杜鹃花，高丈[2]余，相传贞②元[3]中，有僧自天台[4]移栽之，以钵盂药养其根，植于寺中。或见二女子，红裳艳妆，游于花下，俗传花神也。周宝[5]镇浙西，一日谓道人殷七七曰："鹤林之花，天下奇绝，闻道者能作非时花，今重九[6]将近，能开此花乎？"七七乃往寺，中夜，二女谓殷曰："妾为上帝司此花，今与道者开之，然此花不久归阆苑[7]矣。"时方九日，此花烂漫如春，宝等游赏累日，花俄不见。后兵火焚寺，树失根株，归苑之事信然。[8]

校勘

① 林：原刻《学海类编》本作"秫"，此据《续仙传》改。

② 贞：原刻《学海类编》本作"正"，此据《续仙传》改。

注释

〔1〕润州：今江苏省镇江市。

〔2〕丈：古代长度单位，约等于 3.33 米。

〔3〕贞元：唐德宗李适年号，使用时间为 785 年至 805 年。

〔4〕天台（tāi）：山名，位于浙江省中东部天台县境内。

〔5〕周宝：平州卢龙（今辽宁省锦州市）人，晚唐大臣，曾任唐僖宗朝宰相。

〔6〕重九：农历九月初九，二九相重，故称"重九"，即重阳节。

〔7〕阆（làng）苑：神仙居住的仙境。

〔8〕出处：五代沈汾《续仙传》。

译文

润州的鹤林寺里有杜鹃花，高达一丈多，相传是唐代贞元年间，有个僧人从天台山移栽过来的，那个僧人用钵盂盛药养护花根，栽植到寺里。有人曾经见过两个女子，穿大红

衣服，化着浓妆，在花下游玩，人们传说她们是花神。周宝镇守浙江西部的时候，有一天对道士殷七七说：“鹤林寺的花是天下间奇特少有的，我听说道长能够让花不按时令开放，现在重阳节就要到了，你能让这杜鹃花开放吗？”殷七七就来到寺里。当天半夜，有两个女子对殷道士说：“小女子是给天上玉帝管理这个花的，现在可以为道长开放，但是这花不久之后就要回归仙界了。”九月初九当天，杜鹃花果然烂漫盛开，就像春天一样，周宝等人整天都在游赏，不久花就不见了。后来战火焚烧了寺庙，杜鹃花连根都消失不见了，它返回仙界的事情似乎是可信的。

殷七七尝在一官僚处饮酒，有佐酒倡优[1]，共轻侮之，乃白主人："欲以二栗为令，可乎？"咸喜，谓必有戏术，资于欢笑。乃以栗巡行，接者皆闻异香，惟笑七七者，栗化作石，缀在鼻，掣拽[2]不落，秽气不可闻。二人共起狂舞，花钿[3]委地，相次悲啼，鼓乐皆自作，一席之人，笑皆绝倒。久之，祈谢[4]，石自鼻落，复为栗，花钿悉如旧。殷七七于冬中，以木札变成笋，以供客。[5]

〔清〕董 诰

注释

〔1〕倡优：以表演歌舞技艺为业的人。

〔2〕掣拽（chè zhuài）：用手拉。

〔3〕花钿（diàn）：指妇女的妆容、首饰。

〔4〕谢：认错，道歉，谢罪。

〔5〕出处：五代沈汾《续仙传》。

译文

般七七曾经在一个官僚家里喝酒，有两个助兴的歌姬轻慢、侮辱了他，他就对主人说："想要用两颗栗子来行酒令，可以吗？"大家听了都很欢喜，料想他一定会耍点把戏，能供大家欢笑。于是就用栗子行令，每个接到栗子的人都会闻到特别的香味，只有那两个取笑般七七的人例外，栗子变成了石头，连在她们的鼻子上，用手拉拽也下不来，而且有很难闻的臭气。两个人一同跳起狂乱的舞蹈，导致她们的首饰都掉到地上了，接着又很悲惨地哭泣，还有鼓乐为她们伴奏，宴席上面的宾客都笑得前仰后合了。过了好长时间，她们才向般七七道歉请求原谅，随后石头就从其鼻子上落下来，恢复为栗子，她们的妆容也恢复了原样。般七七还在冬天里把木札变成竹笋来招待宾客。

韩熙载〔1〕尝服术〔2〕，因服桃李，泻出术人，长寸许。〔3〕

注释

〔1〕韩熙载：字叔言，五代时期南唐官吏、文学家，曾任兵部尚书、中书侍郎等职。

〔2〕术（zhú）：白术、苍术一类的草本中药。

〔3〕出处：宋龙衮（gǔn）《江南野史》，又名《江南野录》。

译文

韩熙载曾经服食白术等草药，因为又吃了桃子、李子，腹泻排出了人偶形状的术，长约一寸。

舒雅〔1〕作青纱连二枕，满贮酴醾〔2〕、木犀〔3〕、瑞香〔4〕散蕊〔5〕，甚益鼻根。〔6〕

注释

〔1〕舒雅：南唐时期的状元，入宋后任将作监丞，负责土木工程事务，后入皇家藏书楼任校书郎。

〔2〕酴醾（tú mí）：花名，现通常写作荼蘼（tú mí），蔷薇科悬钩子属落叶小灌木，夏初开黄白色重瓣花。

〔3〕木犀（xī）：桂花的别称。

〔4〕瑞香：植物名，瑞香科瑞香属常绿灌木，春天开花，内白外紫红，香清气远，亦有纯白花，香气更浓烈。

〔5〕散蕊：零星琐碎的花蕊。

〔6〕出处：宋陶谷《清异录》。

译文

舒雅制作了两个连着青纱帐的枕头，里面塞满了荼蘼花、桂花、瑞香花等零散的花蕊，气味很好闻。

〔清〕余　穉

前蜀王建[1]判官冯涓[2]好戏，时凤翔[3]遣张郎中[4]通好，来晨宴接，王虑冯公先语，而张子乘之，或致失机，乃令客将传达，且请缄默[5]。坐既定，而宾主寂然，无敢发其语端者。冯乃取青梅，铿然[6]一嚼之，四坐流涎，因成大笑。[7]

注释

〔1〕前蜀王建：前蜀为十国政权之一，都城为成都，存在时间为公元907年至925年，王建是前蜀的开国皇帝，原为唐神策军将领，后任刺史，趁唐末战乱之机割据蜀地，自立为帝。

〔2〕冯涓（juān）：唐宣宗时期进士，王建立国后任御史大夫，性格诙谐，言语机警。

〔3〕凤翔：唐代凤翔节度使，管理今陕西西部、甘肃中东部地区。当时凤翔的节度使是李茂贞，他在唐末战乱时拥兵自重，割据凤翔、陇右等地，唐昭宗迫于无奈封其为岐王，李茂贞虽一直尊奉唐朝，但已成为岐国事实上的皇帝。

〔4〕郎中：官职名，泛称皇帝的侍从官。

〔5〕缄（jiān）默：闭嘴不说话。

〔6〕铿（kēng）然：拟声词，形容“啪”的一声。

〔7〕出处：宋杨伯嵒（yán）《六帖补》。

译文

前蜀王建的判官冯涓喜欢言语调笑，当时凤翔节度使派遣郎中张大人来拜访交好，第二天早晨设宴接待他。王建担心冯涓先说话被张大人抓住话柄，导致失去先机，就命令手下传达自己的意思，让冯涓尽量沉默。众人都坐下了，但是宾主双方都沉默不语，没有人敢先说话。冯涓这时就拿起青梅子，“啪”的一声咬下去，梅子的酸气让四面坐着的人都流口水了，大家这才哄堂大笑起来。

王彦章[1]葺园亭，叠[2]坛种花，急欲苔藓，少[3]助野意，而经年不生，顾弟子曰：“叵耐[4]这绿拗[5]儿。”[6]

按，五代梁有王彦章，吴[7]亦有王彦章，未知孰是？

注释

〔1〕王彦章：五代时期后梁的名将，曾任宣义军节度使，在后唐灭亡后梁之后被杀，曾留下名句“豹死留皮，人死留名”。

〔2〕叠：堆砌。

〔3〕少：同“稍”，稍微。

〔4〕叵耐（pǒ nài）：可恶（wù），可恨，也写作“叵奈”。

〔5〕拗（niù）：执拗，固执，不听话。

〔6〕出处：宋陶谷《清异录》。

〔7〕吴：唐亡后十国政权之一，由唐末庐州刺史、宣州观察使杨行密建立，史称南吴，又称“杨吴”，定都江都（今扬州），存在时间为公元 902 年至 937 年。

译文

王彦章修葺庭院，堆砌花坛养花，急需要长出一些苔藓来稍微增加一些野趣，可是过了一年还是没有长出来，他对家人们说：“这个绿色的执拗小子真是可恶啊。”

陈诗教按，五代的梁国有叫王彦章的，吴国也有叫王彦章的，不知道指的是哪个？

孟蜀[1]后主[2]，以芙蓉花[3]染缯[4]为帐幔，名“芙蓉帐”。[5]

注释

〔1〕孟蜀：五代十国之一，史称后蜀，由后唐西川节度使孟知祥建立，存在时间为公元 933 年至 965 年。

〔2〕后主：指后蜀第二位皇帝孟昶（chǎng），公元 934 年至 965 年在位，宋太祖派兵灭亡蜀国后，将其俘虏至汴京，封为秦国公。

〔3〕芙蓉花：锦葵科木槿属落叶灌木，秋季开白、红、黄各色花，大而美艳，可供观赏，花与叶均可入药。

〔4〕缯（zēng）：古代对丝织品的总称。

〔5〕出处：唐宋间修纂《成都记》。

译文

后蜀的孟昶用芙蓉花浸染丝绸来做帐子，取名叫“芙蓉帐”。

孟昶时，每腊日[1]，内官各献花树，梁守珍献忘忧花[2]，镂金[3]于花上，曰“独立仙”。[4]

注释

〔1〕腊日：即腊八节，农历十二月初八。

〔2〕忘忧花：忘忧草的花，即萱草，百合科萱草属多年生草本植物，叶细长，自根际丛生，茎顶分枝开花，花形似百合，呈橙红或黄红色，花苞未开时可采做蔬菜，称为黄花菜。

〔3〕镂（lòu）金：一种工艺，将金箔贴于物上，以为装饰。

〔4〕出处：宋陶谷《清异录》。

译文

孟昶在位时，每到腊八节，京城内的官吏就纷纷献上花树，有个叫梁守珍的献上了忘忧花，而且在花瓣上贴了金箔，取名叫“独立仙”。

〔明〕项圣谟

孟蜀时李昊[1]，每将牡丹花数枝，分遗朋友，以兴平酥[2]同赠，曰："俟[3]花雕谢[4]，即以酥煎食之，无弃浓艳。"其风流贵重如此。[5]

注释

〔1〕李昊（hào）：五代后蜀的官吏，曾任兵部尚书、宰相。

〔2〕兴平酥：一种长安特产的酥油，唐代时是贡品。

〔3〕俟（sì）：等到。

〔4〕雕谢：即凋谢，花朵枯萎零落。

〔5〕出处：宋以前古籍《复斋谩录》，宋谢维新《事类备要》、宋祝穆《事文类聚》均有引用。

译文

孟蜀的大臣李昊，每次给朋友赠送牡丹花时都会配上一种名为"兴平酥"的酥油，说："等到牡丹花要凋谢了，就用这酥油煎炸花朵食用，不要把浓艳的花丢弃了。"李昊的风流品格和他对花的珍视程度就是像这样表现的。

蜀尚书侯①继图，倚大慈寺[1]楼，见飘一桐叶，上有诗云："拭翠[2]敛蛾眉，为郁心中事。搦管[3]下庭除[4]，题作相思字。此字不书石，此字不书纸。书向秋叶上，愿逐秋风起。天下有情人，尽解相思死。"后数年，卜婚[5]任氏，尝讽此事，任氏曰："此是妾书。"[6]

按，此事一本无"此字不书石，此字不书纸"二句，多"天下无心人，不识相思字"二句，脉既不贯，韵又犯重，今依善本止之。

校勘

① 侯：原刻《学海类编》本作"侠"，此据《类说》改。

注释

〔1〕大慈寺：四川成都城内的寺庙，始建于魏晋时期。

〔2〕翠：原义为青绿色，这里指代女子的头发。古汉语中"绿"有乌黑色的意思，所以女子的头发被称为绿云。

〔3〕搦管（nuò guǎn）：执笔，拿着笔管。

〔4〕除：台阶。

〔5〕卜（bǔ）婚：择婚，选择婚姻的对象。

〔6〕出处：宋曾慥《类说》。

译文

蜀国的尚书侯继图，有一回倚靠着大慈寺的门楼，看见一片桐树叶子，上面有诗写道："拭翠敛蛾眉，为郁心中事。搦管下庭除，题作相思字。此字不书石，此字不书纸。书向秋叶上，愿逐秋风起。天下有情人，尽解相思死。"几年以后，侯继图娶了任氏为妻，曾向她说起这件事，任氏说："这正是我写的。"

陈诗教按，这件事情有本书上没有“此字不书石，此字不书纸”两句，多了“天下无心人，不识相思字”两句，文辞逻辑不通，诗歌押韵也有问题，现在按照更好的版本改过来了。

蜀汉张翊[1]，好学多思致，尝戏造《花经》，以九品九命[2]，升降次第之，时服其允当。[3]

一品九命：兰、牡丹、腊梅、酴醾、紫风流（睡香别名）。

二品八命：琼花、蕙、岩桂、茉莉、含笑。

三品七命：芍药、莲、薝卜、丁香、碧桃、垂丝海棠、千叶桃。

四品六命：菊、杏、辛夷、荳蔻、后庭、忘忧、樱桃、林檎、梅。

五品五命：杨花、月红、梨花、千叶李、桃花、石榴。

六品四命：聚八仙、金沙、宝相、紫薇、凌霄、海棠。

七品三命：散水珍珠、粉团、郁李、蔷薇、米囊、木瓜、山茶、迎春、玫瑰、金灯、木笔、金凤、夜合、踯躅、金钱、锦带、石蝉。

八品二命：杜鹃、大清、滴露、刺桐、木兰、鸡冠、锦被堆。

九品一命：芙蓉、牵牛、木槿、葵、胡葵、鼓子、石竹、金莲。

注释

〔1〕张翊（yì）：长安人，蜀汉建立后任西昌平县的县令。

〔2〕九品九命：品和命都是中国古代的官阶等级，其中一品和九命最高，九品和一命最低。

〔3〕出处：宋陶谷《清异录》。

译文

蜀汉的张翊，爱好学习而且善于思考，曾经玩笑似地写了篇《花经》，用官员的品级“九品九命”来给各种花卉排列升降次序，当时的人们都认为这篇《花经》很公允恰当。（下略。）

又，近来张谦德[1]《瓶花谱》[2]亦效此体，自判品第云：

一品九命：兰、牡丹、梅、蜡梅、各色细叶菊、水仙、滇茶、瑞香、菖阳。

二品八命：蕙、酴醾、西府海棠、宝珠、茉莉、黄白山茶、岩桂、白菱、松枝、含笑、茶花。

三品七命：芍药、各色千叶桃、莲、丁香、蜀茶、竹。

四品六命：山矾、夜合、赛兰、蔷薇、锦葵、秋海棠、杏、辛夷、各色千叶榴、佛桑、梨。

五品五命：玫瑰、薝卜、紫薇、金萱、忘忧、荳蔻。

六品四命：玉兰、迎春、芙蓉、素馨、柳芽、茶梅。

七品三命：金雀、踯躅、枸杞、金凤、千叶李、枳壳、杜鹃。

八品二命：千叶戎葵、玉簪、鸡冠、洛阳、林檎、秋葵。

九品一命：剪春罗、剪秋罗、高良姜、石菊、牵牛、木瓜、淡竹叶。

注释

〔1〕张谦德：明万历间藏书家、学者，字叔益，后改名丑，字青父，号米庵，昆山（今江苏省昆山市）人。

〔2〕《瓶花谱》：成书于明万历二十三年（1595），张谦德所撰有关瓶花插花艺术的专著，全书分为品瓶、品花、折枝、插贮、滋养、事宜、花忌、护瓶八节。

译文

另外，最近有个叫张谦德的人写了本《瓶花谱》，也是仿照这种形式，他自己评判花卉的高下品级。（下略。）

伪闽[1]甘露堂前两株茶，郁茂婆娑，宫人呼为“清人树”。每春初，嫔嫱[2]戏摘新芽，堂中设“倾筐会”。[3]

注释

〔1〕伪闽（mǐn）：五代十国之一的闽国政权，由唐末武威军节度使、福建观察使王审知于 909 年建立，定都长乐（今福建省福州市），疆域相当于今福建省，945 年被南唐攻灭。

〔2〕嫔嫱（pín qiáng）：皇帝的后宫女妃。

〔3〕出处：宋陶谷《清异录》。

译文

闽国皇宫的甘露堂前面有两棵茶树，长得茂密繁盛，宫里的人都称之为“清人树”。每到初春时节，宫中的妃嫔们就采摘茶树的新芽，在宫中设立茶会，名为“倾筐会”。

刘鋹[1]在国，春深令宫人斗花，凌晨开后苑，各任采择，少顷敕还宫，锁苑门，膳讫[2]，普集，角[3]胜负于殿中。宦士[4]抱关[5]，宫人出入，皆搜怀袖，置楼罗[6]历[7]以验姓名，法制甚严，时号"花禁"，负者献耍金耍银[8]买燕[9]。刘鋹每年至荔枝熟时，设红云宴。[10]

注释

〔1〕刘鋹（chǎng）：五代十国之一南汉国的君主，公元 958 年至 971 年在位，971 年被北宋俘虏，受封为恩赦侯，史称南汉后主。南汉疆域在今广东、广西及越南北部，国都在今广州，由唐末封州刺史、静海节度使刘隐之弟刘龑（yǎn）在 917 年建立。

〔2〕讫（qì）：完毕，结束。

〔3〕角（jué）：较量，争斗。

〔4〕宦士：奴仆，下人。

〔5〕抱关：把守关卡，守卫城门。

〔6〕楼罗：即喽啰，指伶俐能干的下人。

〔7〕历：逐个、挨个地。

〔8〕耍金耍银：用来赌博的金银钱财，"耍"意为赌博。

〔9〕燕：同"宴"，酒席。

〔10〕出处：宋陶谷《清异录》。

译文

刘鋹做南汉国君主时，春深时节让宫里的人斗花，凌晨时开放后花园，任凭众人采摘，不久便命令众人返回宫中，锁上御花园的门，众人吃完饭后集中，在宫殿里角逐胜负。由宫里的奴仆把守在门口，宫里的人进出时都要搜查衣服、袖子，还设置了专人挨个查验他们的姓名，制度很严格，当时人都称之为"花禁"，斗花失败的人要付钱来买宴席。刘鋹在每年荔枝成熟的时候还会下令摆设"红云宴"。

南汉贵珰[1]赵纯节，性惟喜芭蕉，凡轩窗馆宇咸种之，时称纯节为“蕉迷”。[2]

注释

〔1〕贵珰（dāng）：皇帝亲近的太监。珰，古代宦官帽子上的装饰品，后借指宦官。

〔2〕出处：宋陶谷《清异录》。

译文

南汉国赵纯节是一位皇帝宠爱的宦官，生性喜欢芭蕉，凡是长廊、窗边、房舍、屋檐下都种植了芭蕉，当时的人们称呼赵纯节为“蕉迷”。

吴越[1]钱仁杰[2]酷好种花，人号“花精”。[3]

注释

〔1〕吴越：五代十国之一的吴越国，由唐末镇东军节度使钱镠（liú）在907年建立，定都钱塘（今杭州市），疆域包括今浙江省全境、江苏省东南部和福建省东北部，978年末代国王钱弘俶（chù）主动归降北宋，吴越国灭亡。

〔2〕钱仁杰：吴越国宗室，国王钱弘俶的堂兄。

〔3〕出处：宋叶廷珪《海录碎事》卷二二引《越史》。

译文

吴越国的钱仁杰酷爱种植花卉，人们都叫他“花精”。

吴越钱氏子弟逃暑[1]，取一瓜，各言子之的数[2]，言定剖观，负者张宴，谓之“瓜战”。[3]

注释

〔1〕逃暑：避暑，躲开暑热。

〔2〕的（dí）数：确切的数目。

〔3〕出处：宋陶谷《清异录》。

译文

吴越国的宗室子弟们避暑的时候，会拿一个瓜，各自猜出里面瓜子的确切数目，说定后剖开瓜来看，说错的人摆设宴席，称之为“瓜战”。

袁居道〔1〕不求闻达〔2〕，马希范〔3〕间〔4〕延入府。希范病酒，厌①膏腻〔5〕，居道曰：“大王今日使得贫家缠齿羊〔6〕。”询其故，则蔬茹。〔7〕

校勘

① 厌：原刻《学海类编》本作“献”，此据《清异录》改。

注释

〔1〕袁居道：五代十国之一的南楚国隐士。

〔2〕闻达：成为有名望的达官贵人。

〔3〕马希范：五代十国时期南楚的君主，公元 932 年至 947 年在位。南楚由唐末武安军节度使马殷在 896 年建立，定都潭州（今湖南省长沙市），疆域包括今湖南省全境、广西省大部、贵州省东部和广东省北部地区，951 年被南唐攻灭。

〔4〕间（jiàn）：间或，有时候，偶尔。

〔5〕膏腻：膏脂油腻，指代荤菜。

〔6〕缠齿羊：一种蔬菜的名字，即马齿苋（xiàn），石竹目马齿苋科马齿苋属一年生草本植物，因叶片扁平肥厚形似马齿而得名，可作为蔬菜和凉拌菜食用。

〔7〕出处：宋陶谷《清异录》。

译文

隐士袁居道不追求官位和声望，马希范有时候会邀请他到府里来。有一次马希范醉酒，厌恶荤腥的菜肴，袁居道就说：“大王您今天可以吃我家的缠齿羊。”马希范不明白缠齿羊是什么，就向袁居道询问，袁居道回答说是一种蔬菜。

许智老居[①]长沙，有木芙蓉二株，可庇〔1〕亩余。一日盛开，宾客盈溢，坐中有王子怀者，言花朵不逾万数，若过之，愿受罚，智老许之。子怀因指所携妓贾三英胡锦鼎文帔〔2〕以酬直〔3〕。智老乃命厮仆群采，凡一万三千余朵，子怀褫〔4〕帔纳〔5〕主人而遁。〔6〕

校勘

① 居：原刻《学海类编》本作“为”，此据《清异录》改。

注释

〔1〕庇：遮蔽，覆盖。

〔2〕胡锦鼎文帔（pèi）：用胡锦织造的名为鼎文的一种披肩。胡锦，西域地区出产的丝织品。帔，古代的披肩服饰。

〔3〕酬直：用作支付或赔偿的代价。

〔4〕褫（chǐ）：脱下衣物。

〔5〕纳：交付，贡献。

〔6〕出处：宋陶谷《清异录》。

译文

许智老居住在长沙，家里有两棵木芙蓉，树荫能够遮蔽一亩多的地方。一天花朵盛开，宾客盈门，客人中有个叫王子怀的人，说花朵的数量不会超过一万，如果超过了，甘愿受罚，许智老同意和他打赌。王子怀就指着自己带来的妓女贾三英身上披着的胡锦鼎文帔，说要以此作为赌注。许智老命令仆人们一起采摘花朵，一共有一万三千多朵，王子怀就留下披肩迅速离开了。

吴僧文了[1]善烹茶，游荆南[2]，高季兴[3]延置紫云庵，日试其艺，奏授“华亭水大师”。目曰“乳妖[4]”。[5]

注释

〔1〕文了（liǎo）：吴地的僧人，生平不详。

〔2〕荆南：即五代十国之一的南平政权，又称北楚，由荆南节度使高季兴在唐亡后建立，定都荆州（今湖北省荆州市），疆域相当于今湖北省荆州市、宜昌市、荆门市的范围，存在时间为公元 924 年至 963 年。

〔3〕高季兴：原名高季昌，字贻孙，陕州硖石（今河南省三门峡市）人，南平开国君主，924 年被后唐庄宗封为南平王，924 年至 929 年在位。

〔4〕乳妖：古人把一切非常态的、怪异的事物都称为妖，乳即茶汤，乳妖意为善于泡茶的怪人。

〔5〕出处：宋陶谷《清异录》。

译文

吴地的僧人文了善于烹煮茶水，他到荆南游历，高季兴邀请他到紫云庵，每天都要体验他的煮茶技艺，并授予他“华亭水大师”的称号。时人把他视为“乳妖”。

宣城[1]何子华有古橙四株，面橙建“剖金堂”，霜降[2]子熟，开尊[3]洁馔，与众共之。[4]

注释

〔1〕宣城：今安徽省宣城市。

〔2〕霜降：下霜的时节，在农历九、十月间。

〔3〕尊：盛酒的器皿。

〔4〕出处：宋陶谷《清异录》。

译文

宣城人何子华家中有四棵古老的橙子树，他面对橙子树建造了“剖金堂”，每到霜降橙子成熟的时节，就打开酒器、摆设宴席，和客人们一起享用橙子。

苏直善治花，瘠[1]者腴[2]之，病者安之，时人竞称为“花太医”。[3]

注释

〔1〕瘠（jí）：瘦弱。

〔2〕腴（yú）：肥胖。

〔3〕出处：宋陶谷《清异录》。

译文

苏直善于种花，能让瘦弱的花变得强壮，能让生病的花变得安好，当时的人们都叫他“花太医”。

宋

宋比邱尼[1]梵正庖制[2]精巧，用鲊臛脍脯[3]、醢酱瓜蔌[4]，黄赤杂色，斗成景物，若坐及二十人，则人装一景，合成《辋川图》[5]小样。[6]

注释

〔1〕比邱尼：即比丘尼，出家的女子，尼姑。

〔2〕庖（páo）制：做菜，烹饪。庖，厨房。

〔3〕鲊臛脍脯：鲊（zhǎ），一种用盐和红曲腌制的鱼（红曲是红曲霉菌寄生在粳米上长出的红色菌丝体）。臛（huò），肉羹。脍（kuài），切丝或切片的肉。脯（fǔ），肉干。

〔4〕醢酱瓜蔌：醢（hǎi），用肉、鱼等制成的酱。蔌（sù），蔬菜的总称。

〔5〕《辋（wǎng）川图》：唐代诗人王维的传世名画，是他以自己的辋川别墅为素材绘制的，共描画了二十个景致，是中国绘画史上非常著名的山水长卷。辋川位于今陕西省西安市蓝田县境内。

〔6〕出处：宋陶谷《清异录》。

译文

宋代的尼姑梵正，烹调食物的技术很精巧，她能够用咸鱼、肉羹、肉丝、肉干、肉酱和各种瓜果蔬菜等黄红杂色的食物拼凑成景物，如果餐桌上有二十个人在座，就每人面前摆一个风景，刚好能凑成《辋川图》的样子。

陶谷尝为笋，效傅奕[1]作墓志曰："边幼节[2]，字脆中[3]，晋林[4]琅玕[5]之裔也，以汤[6]死，建隆[7]二年三月二十五日立石。"[8]

注释

〔1〕傅奕：唐代初年的学者、官员，曾任太史令，著有《刻漏新法》《老子注》等。据《旧唐书 · 傅奕传》记载，他有一次因醉酒而昏睡，突然惊醒自言自语说"我快死了"，就给自己写了墓志铭："傅奕，青山白云人也。因酒醉死，呜呼哀哉。"

〔2〕边幼节：这是陶谷创造出来的笋的别称，意思是笋的边缘有幼小的节，"边"恰好可作姓氏。

〔3〕脃（cuì）中：脃同"脆"，意思是笋吃起来很脆。

〔4〕晋林：指竹林。晋代的名士嵇康、阮籍等七人经常聚集在山阴县（今河南省辉县附近）的竹林中饮酒、放歌，世称"竹林七贤"，简称"竹林"或"晋林"。

〔5〕琅玕（láng gān）：翠竹的美称。

〔6〕汤：热水，这里指竹笋被水煮熟。

〔7〕建隆：宋太祖赵匡胤（yìn）建立宋朝后使用的第一个年号，使用时间为公元 960 年至 963 年。

〔8〕出处：宋陶谷《清异录》。

译文

陶谷曾经烹饪竹笋，他仿照唐人傅奕为竹笋创作了一篇墓志铭："边幼节，字脆中，是晋代竹林七贤所在竹林中翠竹的后代，因为被热水煮热而死，建隆二年（961）三月二十五日竖立石碑。"

宋苏易简[1]为学士，太宗[2]问："物品何者为珍？"对曰："物无定味，适口者珍。臣只知齑[3]汁为美。臣尝一夕寒甚，拥炉痛饮，半夜吻燥[4]，中庭月明，残雪中覆一盂齑，连咀数茎，此时自谓上界仙厨，鸾[5]脯凤胎，殆恐不及。欲作冰壶先生[6]传，因循未果也。"上笑而然之。[7]

注释

〔1〕苏易简：四川人，宋初进士、状元，后任参知政事（副宰相）。

〔2〕太宗：宋太宗赵匡义，宋朝第二位皇帝，宋太祖之弟，宋朝建立后为避赵匡胤讳而改名赵光义，即位后改名赵炅（jiǒng），公元 976 年至 997 年在位。

〔3〕齑（jī）：捣碎的葱、姜、蒜等。

〔4〕吻燥：口干。吻，嘴唇。

〔5〕鸾（luán）：传说中如同凤凰一类的神鸟。

〔6〕冰壶先生：这是苏易简对雪地上装着齑的盆子的拟人化称呼。

〔7〕出处：北宋僧人文莹《玉壶清话》，又名《玉壶野史》。

译文

宋人苏易简做学士的时候，宋太宗问他："什么样的食物称得上珍贵呢？"苏易简回答："食物没有固定的味道，感到适合自己口味的就是珍贵的。我只觉得捣碎的蒜泥是美味。我曾有一天晚上感到很寒冷，就靠着暖炉饮酒，到了半夜口干舌燥，当时庭院中明月当空，地上残雪里覆盖着一盆蒜，我一连嚼了好几颗，顿时觉得就是上天的仙厨制作的凤凰肉干恐怕也比不上它啊。我还想给这位冰壶先生写个传记呢，后因其他事情没有动笔而已。"皇帝听了笑着赞同他。

淳化[1]二年冬十月，太平兴国寺[2]牡丹红紫盛开，不逾春月，冠盖云拥，僧舍填骈[3]。有老妓题寺壁云："曾趂[4]东风看几巡，冒霜开唤满城人。残脂剩粉怜犹在，欲向弥陀借小春。"此妓遂复，车马盈门。[5]

注释

〔1〕淳化：宋太宗的第四个年号，使用时间为公元 990 年至 994 年。

〔2〕太平兴国寺：寺庙名，位于今河南省鹤壁市浚（xùn）县境内，是宋太宗特别赐名的寺庙，太平兴国（976—984）是宋太宗的第一个年号。

〔3〕骈：两匹马共拉一辆车叫骈。

〔4〕趂（chèn）：同"趁"，趁着时间。

〔5〕出处：宋袁褧（jiǒng）《枫窗小牍》。

译文

淳化二年（991）十月份，太平兴国寺的牡丹花红的紫的一起盛开，不到春天，牡丹就长得枝繁叶茂了，僧院都被前来赏花的人们的马车填满了。有一个年纪大的妓女在寺院墙壁上题诗："曾趁东风看几巡，冒霜开唤满城人。残脂剩粉怜犹在，欲向弥陀借小春。"写完这首诗这个妓女就出名了，恢复了以前车马盈门的状态。

咸平[1]中进士许洞[2]，所居种竹一竿，以表特立之操。[3]

注释

〔1〕咸平：宋真宗赵恒的第一个年号，使用时间为公元 998 年至 1003 年。

〔2〕许洞：吴郡（今江苏省苏州市）人，咸平三年（1000）进士，虽有文才，但一生未受重用。

〔3〕出处：宋龚明之《中吴纪闻》。

译文

咸平年间的进士许洞，在居住的地方栽种一棵竹子，来表明自己特立独行的节操。

扬州琼花[1]，天下只一本，士大夫爱重，作亭花侧，扁[2]曰“无双。”宋仁宗[3]、孝宗[4]，皆尝分植禁苑，辄枯，载还祠中，复荣如故。德祐乙亥[5]，北师至，花遂不荣。赵棠国炎[6]有绝句吊曰：“名擅无双气色雄，忍将一死报东风。他年我若修花史，合传琼妃烈女中。”[7]

注释

〔1〕琼花：具体学名不详，有学者说即聚八仙，忍冬科荚蒾属落叶灌木，春季开聚伞状花序，花大如盘，洁白如玉。

〔2〕扁：同“匾”，匾额。

〔3〕仁宗：赵祯，宋真宗赵恒第六子，北宋第四位皇帝，公元 1022 年至 1063 年在位。

〔4〕孝宗：赵昚（shèn），宋高宗赵构养子，南宋第二位皇帝，公元 1162 年至 1189 年在位。

〔5〕德祐（yòu）乙亥：德祐为宋恭帝赵㬎（xiǎn）年号，德祐乙亥为 1275 年。

〔6〕赵棠国炎：赵棠，字国炎，生平不详。

〔7〕出处：元蒋子正《山房随笔·补遗》。

译文

扬州所产的琼花，当时全国只有一棵，士大夫们都很看重它，在琼花的旁边建立了亭子，制作了书写着“无双”的匾额。宋仁宗和宋孝宗都曾经把琼花分枝移栽到御花园里，可琼花不久就枯萎了，送回原生地，又再次恢复青翠的状态。德祐乙亥年（1275），北方的金朝军队打来，琼花就不再茂盛了。赵棠（国炎）有绝句凭吊琼花，写道：“名擅无双气色雄，忍将一死报东风。他年我若修花史，合传琼妃烈女中。”

宋冲晦处士[1]李退夫者，为事矫怪，居京师北郊。一日种胡荽[2]，俗传口诵秽语[3]则茂，退夫撒种，密诵曰“夫妇之道，人伦之本”云云，不绝于口。忽有客至，命其子毕之，子执余种曰：“大人已曾上闻。”故皇祐[4]中，馆阁[5]或谈语，则曰：“宜撒胡荽一巡。”[6]

注释

〔1〕冲晦处士：宋朝皇帝赐给知名隐士的称号。

〔2〕胡荽（suī）：即香菜，伞形科刺芹属一种有特殊香味的一年生草本植物。

〔3〕秽语：不文明的脏话。

〔4〕皇祐：宋仁宗赵祯的年号，使用时间为 1049 年至 1054 年。

〔5〕馆阁：宋代管理皇家藏书、负责国家史志编修的官僚。

〔6〕出处：宋龙衮《江南野史》，又名《江南野录》。

译文

宋代的冲晦处士李退夫，是一个行为处事很怪异的人，他居住在京城北边的郊区。一天他种植香菜，民间传说播种香菜时说污秽的语言，香菜就会长得茂盛，李退夫在播撒种子的时候就暗自说着“夫妇之道，人伦之本”一类的话，说个没完。忽然有客人来访，他就让儿子继续说完，他儿子拿着剩下的种子说：“我的父亲大人已经说过了。”因此皇祐年间，馆阁里的大臣有时谈话清淡无味，就会说：“应当撒一回香菜种子了。”

宋昭宣用臣[1]，卓有干才。元丰[2]间，内庭水启殿落成，嘉致[3]既满，偶失种莲，宋即购于都城，得器缶[4]所植者百余本，连缶沉水底，再夕视之，则莲已开盈沼矣。[5]

注释

〔1〕宋昭宣用臣：宋用臣，字正卿，开封人，宋神宗、哲宗、徽宗朝宦官，精通建筑工程之事，曾经主持修造过京城城墙、尚书省、太学等建筑。昭宣使，宋代宦官的官称。

〔2〕元丰：宋神宗赵顼（xū）第一个年号，使用时间为公元1078年至1085年。

〔3〕嘉致：美好的景致。

〔4〕缶（fǒu）：古代的一种瓦器。

〔5〕出处：宋和平时《谈选》。

译文

宋代宦官宋用臣，富有才干。元丰年间，皇宫内的水启殿建成了，各种美好的景致已经完成，只是丢失了莲花种苗。宋用臣在京城里四处购买，买来了好几百棵种植在各种器皿里的莲花，连同器皿一起沉到水底。过了两晚再次查看时，莲花已经开满了水池。

范蜀公[1]居许下[2]，造大堂，以“长啸”名之。前有酴醿架，高广可容数十客。每春季，花繁盛时，燕客其下，约曰：“有飞花堕酒中者，釂[3]一大白。”或笑语喧哗之际，微风过之，则满座无遗者，当时号为“飞英会”。[4]

注释

〔1〕范蜀公：范镇，字景仁，华阳（今四川省成都市）人，北宋文学家、史学家、翰林学士，受封蜀郡公，世称范蜀公。

〔2〕许下：地名，今河南省许昌市。

〔3〕釂（jiào）：饮干杯中的酒。

〔4〕出处：宋朱弁《曲洧（wěi）旧闻》。

译文

范镇居住在许昌，建造了一座堂屋，将其命名为“长啸”。堂屋前面有荼蘼花的架子，空间可以容纳几十个客人。每到春季，荼蘼花开得繁盛的时候，范镇就在花架下设宴招待宾客，约定说：“有飞花落在酒上的人，就要干了那杯酒。”有时正当大家欢声笑语、喧闹不停的时候，微风吹过，大家的酒杯里都落了花瓣，没有一个遗漏的，当时号称“飞英会”。

范石湖[1]每岁携①家，泛湖赏海棠。[2]

校勘

① 携：原刻《学海类编》本作“移”，语义不通，今据文徵明《甫田集》、清《渊鉴类函》等改。

注释

[1] 范石湖：范成大，南宋官吏、文学家、诗人，号石湖居士，世称范石湖。石湖，太湖的支流，位于范成大的故乡苏州。

[2] 出处：明文徵明《甫田集》卷三《暮春游石湖》诗自注。

译文

范成大每年都要带领家人泛舟于湖上，观赏海棠花。

范文正公[1]少时，尝作《齑赋》，其警句云："陶家[2]瓮内，腌成碧绿青黄；措大[3]口中，嚼出宫商角徵[4]。"盖亲尝忍穷，故得齑之妙处云。[5]

注释

〔1〕范文正公：范仲淹，字希文，北宋思想家、政治家、文学家，曾出任参知政事（副宰相），主持"庆历新政"，死后谥号"文正"，世称范文正公。范仲淹年幼时家贫，常以稀粥度日，佐以咸腌菜（即"齑"）。

〔2〕陶家：范仲淹的自称，因范氏祖先春秋时期的范蠡（lǐ）自号"陶朱公"，故称。

〔3〕措（cuò）大：唐宋时期的民间俗语，用以称呼贫寒不得志的书生。这也是范仲淹的自称。

〔4〕宫商角（jué）徵（zhǐ）：古代的五种音阶，还有一音为"羽"。

〔5〕出处：宋祝穆《事文类聚》。

译文

范仲淹年轻的时候，曾经写作过《齑赋》，其中有名的句子是："陶家瓮内，腌成碧绿青黄；措大口中，嚼出宫商角徵。"这应当是因为范仲淹忍受穷苦的生活亲自尝过腌菜的滋味，所以能写出腌菜的妙处。

〔清〕余　穉

韩魏公〔1〕庆历〔2〕中，以资政殿学士帅淮南。一日后园中，有芍药〔3〕一干分四岐，岐各一花，上下红，中间黄蕊间之。当时扬州芍药未有此一种，今谓之“金缠腰”者是也。公异之，开一会，欲招四客以赏之，以应四花之瑞。时王岐公〔4〕为大理评事、通判，王荆公〔5〕为大理评事、佥判，皆召之。尚少一客，以州钤辖〔6〕诸司使官最长，遂取以充数。明日早衙，钤辖或申状，暴泄，不至。尚少一客，命以过客历求一朝官足之。过客中无朝官，惟有陈秀公〔7〕时为大理寺丞，遂命同会。至中筵，剪四花，四客各簪一枝，甚为盛集。后三十年间，四人皆为宰相。〔8〕

注释

〔1〕韩魏公：韩琦，字稚圭，相州安阳（今河南省安阳市）人，宋仁宗、英宗、神宗三朝宰相，受封爵位魏国公，世称韩魏公。

〔2〕庆历：宋仁宗赵祯的年号，公元 1041 年至 1048 年使用。

〔3〕芍药：花卉名，芍药科芍药属多年生草本植物，花形类似牡丹，因牡丹号称“花王”，故芍药被称为“花中宰相”。

〔4〕王岐公：王珪（guī），字禹玉，四川成都人，宋仁宗年间进士，宋神宗、哲宗朝宰相，封岐国公，世称王岐公。

〔5〕王荆公：王安石，字介甫，号半山，临川（今江西省抚州市临川区）人，北宋思想家、政治家、文学家、改革家，宋神宗年间曾任宰相，主持变法，受封荆国公，世称王荆公。

〔6〕州钤辖（qián xiá）：宋代武官官职名，负责一州的兵马军事。

〔7〕陈秀公：陈升之，原名旭，避宋神宗讳改，字旸叔，建州建阳（今福建省建阳市）人，宋神宗即位后任宰相，受封秀国公，世称陈秀公。

〔8〕出处：宋沈括《梦溪补笔谈》。

译文

韩琦在庆历年间，以资政殿学士的身份在淮南领兵。一天他家后园里，有一棵芍药花在一根茎干上长出了四个分枝，每个分枝都有一朵花，上下红色，中间有黄色的花蕊。当时扬州城里的芍药没有这样的品种，现在把这种药称为“金缠腰”。韩琦很惊奇，召开一个宴会，想要邀请四位客人共同观赏，来应和四朵花的祥瑞。当时王珪正担任大理评事、通判的职务，王安石正担任大理评事、佥（qiān）判的职务，都受到了邀请。还少一个客人，因为当地担任州钤辖的官员是各司使官中品级最高的，故请他来充数。第二天早晨韩琦去衙门，钤辖递上了书状，说自己腹泻不止，就不来了。这样就还少一位客人，韩琦命令在过往的客人中找一个曾经担任过京官的人来补足人数。客人里没有京官，只有陈升之当时担任大理寺丞，就让他来赴宴。到了宴会中途，韩琦剪下四朵花，四位客人各自佩戴一朵，宴会的气氛堪称热烈。后来三十年间，这四个人都出任了宰相。

富郑公[1]园牡丹盛开，召文潞公[2]、司马端明[3]、楚建中[4]、邵先生[5]同会。是时牡丹一栏数百本，坐客曰："此花有数乎？且请筮[6]之。"既毕，曰："若干朵。"使人数之，如先生言。又问曰："此花几时开尽？请再筮之。"先生再揲蓍[7]，良久曰："此花尽，来日午时。"客皆不答，郑公因曰："来日食后可会于此，以验先生之占。"坐客曰："诺。"食罢，花尚无恙。洎[8]烹茶之际，忽群马厩中逸出，与坐客马相囓[9]，奔是花丛中。既定，花尽毁折矣。于是洛中愈服先生之言。[10]

注释

[1] 富郑公：富弼，字彦国，洛阳人，北宋宰相，封爵郑国公，故称。

[2] 文潞公：文彦博，字宽夫，号伊叟，汾州介休（今山西省介休市）人，北宋时期著名政治家、书法家，受封潞国公，故称。

[3] 司马端明：司马光，字君实，号迂叟，陕州夏县（今山西省夏县）人，北宋政治家、史学家、文学家，曾经任职端明殿学士，人称司马端明。

[4] 楚建中：字叔正，洛阳人，北宋大臣。

[5] 邵先生：邵雍，字尧夫，北宋著名理学家、数学家、诗人，定居洛阳，以教书授课为生，自号安乐先生，世称邵先生。

[6] 筮（shì）：占卜，算卦。

[7] 揲蓍（shé shī）：古人用蓍草算卦时的一种动作。

[8] 洎（jì）：等到。

[9] 囓（niè）：同"啮"，啃咬。

[10] 出处：宋邵伯温《邵氏闻见录》。邵伯温为邵雍之子。

译文

富弼家的花园里牡丹盛开，他邀请文彦博、司马光、楚建中、邵雍一起来聚会。当时一道栅栏后面的牡丹有几百棵，客人问："这牡丹的花朵有确切的数量吗？请邵先生来卜算一下。"邵雍占卜完毕，说："有若干朵。"富弼派人去点数，果然和邵先生说的一样。又有人问："这牡丹什么时候凋敝啊？请先生再次卜算。"邵先生再次拿着蓍草卜算，很久后说："这些花凋谢的时间，是明天的中午时分。"客人都不回话，富弼就说："第二天我们吃过饭之后可以再次聚集到这里，来验证邵先生的占卜是否正确。"客人都说："好的。"第二天他们吃完了饭，牡丹花还是没有变化，等到他们煮茶的时候，忽然有一群马从马厩里逃出来，和客人骑来的马互相啃咬打架，跑进这丛牡丹花里。等到马群安定下来，牡丹花都被折损踏坏了。于是洛阳的人对邵先生说的话更加信服了。

欧阳文忠公[1]在扬州作平山堂[2]，每暑时，辄凌晨携客径游，遣人走邵伯[3]取荷花千余朵，以画盆分插百许盆，与客相间遇酒行，既遣妓取一花传客，以次摘其叶，尽处则饮酒，往往侵夜载月而归。[4]

注释

〔1〕欧阳文忠公：欧阳修，字永叔，号醉翁，又号六一居士，吉州永丰（今江西省吉安市永丰县）人，北宋政治家、文学家，谥号文忠，世称欧阳文忠公。

〔2〕平山堂：位于扬州城区的西北部，由北宋庆历年间任扬州知府的欧阳修所主持建造，主要作为文人雅士吟诗作赋的场所。

〔3〕邵伯：地名，今江苏省扬州市江都区邵伯镇。

〔4〕出处：宋叶梦得《避暑录话》。

译文

欧阳修在扬州建造了平山堂，每到暑季，就在凌晨带领客人游赏其间，还派人跑到邵伯镇去采摘一千多株荷花，分别插在几百个花盆里面，和客人一边走路一边喝酒，让妓女拿来一枝荷花递给客人传送，按照次序摘取花瓣，摘尽时轮到谁谁就喝酒，往往会玩乐到深夜趁着月色回家。

苏子瞻[1]在蜀，以巨竹尺许，裁为双筒，谓之“文尊”。[2]

注释

〔1〕苏子瞻：苏轼，字子瞻，眉州眉山（今属四川省眉山市）人，号东坡居士，世称苏东坡，又称东坡、坡公、坡仙，北宋的大文豪，在文学、书法、绘画等方面都有巨大成就。

〔2〕出处：明夏树芳《词林海错》。

译文

苏轼在四川的时候，把一尺长的粗大竹子锯成两个竹筒，称之为“文尊”。

东坡一夕与子由[1]饮，酣甚，槌芦菔[2]烂煮，不用他料，只研白米为糁[3]，食之，忽放箸[4]抚几曰："若非天竺①酥酡[5]，人间决无此味。"名"玉糁羹"。[6]

校勘

① 竺：原刻《学海类编》本作"上"，此据《山家清供》改。

注释

〔1〕子由：苏轼的弟弟苏辙，字子由，北宋文学家、诗人、宰相。

〔2〕芦菔（lú fú）：即萝卜。

〔3〕糁（shēn）：谷物制成的颗粒渣子。

〔4〕箸（zhù）：筷子。

〔5〕酥酡（sū tuó）：古代印度的一种奶制美食。前文的天竺（zhú）即古印度。

〔6〕出处：宋林洪《山家清供》。

译文

有一天，苏轼和弟弟苏辙一起喝酒，喝得很醉了，用槌子捣碎萝卜煮烂，不用其他食材，只把白米饭研磨成小颗粒，一起搅拌食用，忽然放下筷子拍着桌子说："如果不是天竺传来的酥酡，人间绝对没有味道可以跟它相比。"苏轼把这种食物命名为"玉糁羹"。

东坡在儋耳[1]，尝从黎氏[2]乞园蔬，及归海北，留诗别之，其末云：“漫写此诗以折菜钱。”[3]

注释

〔1〕儋（dān）耳：地名，又称儋州，今海南省西北部的儋州市，苏轼曾经被贬官至此。

〔2〕黎氏：当地的少数民族黎族。

〔3〕出处：宋释惠洪《冷斋夜话》。

译文

苏东坡在儋州的时候，曾经向当地的黎族人家讨要蔬菜，等到他渡海回北方的时候，留下诗篇告别当地人，最后写道：“我草草地写下这首诗来抵偿买蔬菜的钱。”

〔清〕郎世宁

东坡谪[1]儋耳，见黎女竞簪茉莉、含槟榔，戏书几间曰：“白雪点头簪茉莉，红潮登颊醉槟榔[2]。”[3]

按，“白雪点头”一作“暗麝著人”。

注释

[1] 谪（zhé）：古时指官吏被降级，派任到远离京城的地方。

[2] 醉槟榔：槟榔是棕榈科槟榔属的常绿乔木，结槟榔果，略有药性，人嚼食后会感到兴奋，身上出汗，面色通红，就好像喝醉酒一样，所以叫醉槟榔。

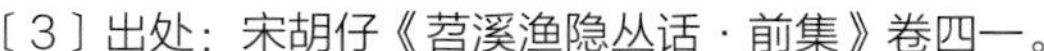

[3] 出处：宋胡仔《苕溪渔隐丛话·前集》卷四一。

译文

苏东坡被贬到儋州的时候，看到黎族的女郎竞相佩戴茉莉花、嚼食槟榔，就在书桌上玩笑着写道：“白雪点头簪茉莉，红潮登颊醉槟榔。”

陈诗教按，“白雪点头”在有的书上写作“暗麝著人”。

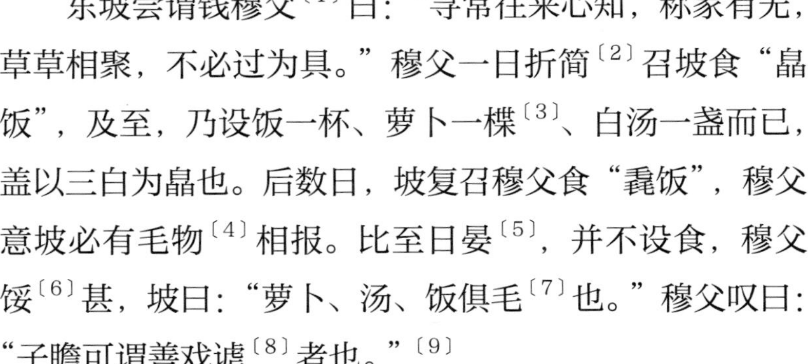

东坡尝谓钱穆父[1]曰：“寻常往来心知，称家有无，草草相聚，不必过为具。”穆父一日折简[2]召坡食“皛饭”，及至，乃设饭一杯、萝卜一楪[3]、白汤一盏而已，盖以三白为皛也。后数日，坡复召穆父食“毳饭”，穆父意坡必有毛物[4]相报。比至日晏[5]，并不设食，穆父馁[6]甚，坡曰：“萝卜、汤、饭俱毛[7]也。”穆父叹曰：“子瞻可谓善戏谑[8]者也。”[9]

注释

〔1〕钱穆父：钱勰（xié），字穆父（fǔ），五代十国时期吴越国创建者钱镠的后代，官至朝议大夫，赐爵会稽郡开国侯，工于书法，楷书、草书皆精。

〔2〕折简：写信。

〔3〕楪（dié）：同“碟”，盛菜的小盘子。

〔4〕毛物：长毛的东西，指兽类、禽类等，这里指肉菜。

〔5〕晏：迟，晚。

〔6〕馁（něi）：饥饿。

〔7〕毛：谐音南方闽粤等地的方言“冇”（mǎo），意为没有。

〔8〕戏谑（xuè）：用诙谐的语言开玩笑。

〔9〕出处：宋曾慥《高斋漫录》。

译文

苏东坡曾经对钱穆父说："咱们是日常往来的知心朋友，掂量着家里有的没的，马马虎虎地聚一聚，不必过分地准备饮食。"钱穆父一天写信邀请苏东坡吃"皛（xiǎo）饭"，到了他家，只是准备了一杯饭、一碟萝卜、一碗白汤而已，原来是把三样白颜色的食物称作"皛"。几天以后，苏东坡又请钱穆父吃"毳（cuì）饭"，钱穆父心想苏东坡肯定有肉菜回请自己。可是都等到太阳下山了，也不见食物端上来，钱穆父饿极了，苏东坡才说："萝卜、汤和饭全都没有啊。"钱穆父感叹说："子瞻兄真是善于开玩笑的人啊。"

黄鲁直[1]一日以小龙团[2]半铤[3]题诗赠晁无咎[4]：“曲几①蒲团听煮汤，煎成车声绕羊肠。鸡苏胡麻留渴羌，不应乱我官焙香。”东坡见之曰：“黄九恁地[5]怎得不穷？”[6]

校勘

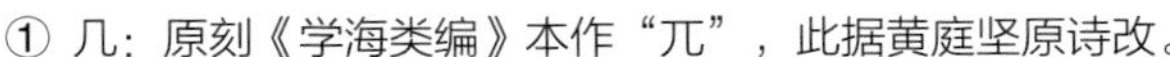

① 几：原刻《学海类编》本作“兀”，此据黄庭坚原诗改。

注释

[1] 黄鲁直：黄庭坚，字鲁直，号山谷道人，洪州分宁（今江西省九江市修水县）人，北宋著名文学家、书法家，曾游学于苏轼门下。他在族中排行第九，所以文中苏轼称他黄九。

[2] 小龙团：宋代一种贡品茶的名字。

[3] 铤（dìng）：这里指压成块状的茶砖。

[4] 晁无咎：晁（cháo）补之，字无咎（jiù），号归来子，济州巨野（今属山东省巨野县）人，北宋时期著名文学家，也曾游学苏轼门下。

[5] 恁地（nèn dì）：如此，这般。

[6] 出处：宋人任渊、史容、史季温等为黄庭坚诗集《山谷诗集注》中的一首诗《以小团龙及半挺赠无咎并诗用前韵为戏》作注释时所引《王立之诗话》。

译文

黄庭坚有一天为半块小龙团茶题诗赠送给晁无咎说：“曲几蒲团听煮汤，煎成车声绕羊肠。鸡苏胡麻留渴羌，不应乱我官焙香。”苏东坡见到了之后说：“黄九如此这般怎么能不穷呢？”

陈慥[1]家蓄数姬，每日晚藏花一枝，使诸姬射覆[2]，中者留宿，时号“花媒”。[3]

注释

〔1〕陈慥（zào）：字季常，号方山子，北宋黄州（今湖北省武汉市）境内的隐士，是苏轼的好友。

〔2〕射覆：古代的一种游戏，将物品藏在碗盆之下，让人竞猜该物品具体在哪个覆盖物下面。

〔3〕出处：明王路《花史左编》。

译文

陈慥家里养着好几个歌姬，他每天晚上都藏起一枝花，让这些姬妾们竞猜花藏在哪里，猜中的人就留在房里过夜，当时号称“花媒”。

苏才翁[1]与蔡君谟[2]斗茶，蔡用惠山[3]泉，苏茶小劣，用竹沥水煎，遂能取胜。[4]

按，蔡君谟嗜茶，老病不能饮，但把玩而已。竹沥水，天台泉名。

注释

〔1〕苏才翁：苏舜元，字才翁，梓州铜山（今四川省德阳市中江县）人，宋初著名诗人苏舜钦之兄，文名逊于舜钦，而善书法，为弟所不及。

〔2〕蔡君谟（mó）：蔡襄，字君谟，福建人，北宋著名书法家、政治家、茶学家。前文提到的“小龙团”茶就是蔡襄在福建建州（今建瓯市）主持制作的。

〔3〕惠山：山名，江苏省无锡市西部的山丘，海拔 300 多米，出产泉水。

〔4〕出处：宋曾慥《类说》。

译文

苏舜元和蔡襄比赛煮茶的技艺，蔡襄用惠山的泉水烹煮，苏舜元的茶显得较差，他改用竹沥水煎煮，最终才能够取胜。

陈诗教按，蔡襄嗜好茶，可是年老多病不能喝，仅是把玩而已。竹沥水是天台所产的泉水。

杭妓周韶有诗名，好畜奇茗，尝与蔡君谟斗胜，题品风味，君谟屈焉。[1]

注释

〔1〕出处：明蒋一葵《尧山堂外纪》。

译文

杭州的名妓周韶写诗颇有名气，爱好收藏珍奇的茶叶，曾经和蔡襄比赛，用诗文来品题茶水的风味，蔡襄落了下乘。

陈少卿亚[1]，扬州人，蓄书数千卷，名画数十幅。晚年退居，有华亭唳鹤[2]一只，怪石一株，奇峭可爱，与异花数十本，列植于庭，为诗以戒子孙曰："满室图书杂坟典，华亭仙客岱云根。他年若不和花卖，便是我家好子孙。"[3]

注释

〔1〕陈少卿亚：陈亚，字亚之，宋真宗年间进士，官至太常少卿，故称。

〔2〕华亭唳鹤：华亭鹤，华亭谷的鸣叫的鹤。出于《世说新语 · 尤悔》，用鹤叫表示对过去生活的留恋。

〔3〕出处：宋王辟之《渑（shéng）水燕谈录》。

译文

陈亚是扬州人，收藏了几千卷书、几十幅名画。他晚年退居故里，家里养了一只鹤，有一块奇异可爱的怪石，还有几十株珍稀的花卉，排列着栽种在庭院里，写了一首诗告诫子孙："满室图书杂坟典，华亭仙客岱云根。他年若不和花卖，便是我家好子孙。"

政黄牛[1]，冬不拥炉，以荻花[2]作球，纳足其中，客至共之。[3]

注释

〔1〕政黄牛：北宋僧人惟政和尚，俗家姓黄，字焕然，华亭（今上海市松江区）人，他诗歌、书法俱佳，颇负盛名，出门常骑一头黄牛，人称“政黄牛”。

〔2〕荻花：禾本科荻属多年生草本植物荻草的花穗，蓬软如棉絮。

〔3〕出处：宋释惠洪《僧宝传》，释惠洪《林间录》。

译文

惟政和尚在冬天不用火炉，他将荻花制作成球形，把脚放进去取暖，有客人来也一起用荻球裹着脚。

石曼卿[1]谪通判[2]海州[3]，以山岭高峻，人路不通，了无花卉点缀开映，使人以泥裹桃核为弹，抛掷于岭上，一二岁间，花发满山，烂如锦绣。[4]

注释

〔1〕石曼卿：石延年，字曼卿，宋城（今河南省商丘市）人，北宋官员、文学家、书法家。

〔2〕通判：官名，主管一个地方的粮运、水利、诉讼等事务的官员。

〔3〕海州：地名，今江苏省连云港市海州区。

〔4〕出处：宋施元之、施宿、顾禧《施注苏诗》（原题《注东坡先生诗》，苏轼的诗集）卷二二《和蔡景繁海州石室》诗“倚天照海花无数”句下注引《欧阳公诗话》。

译文

石曼卿贬官到海州任通判的时候，因为山高峰峻，道路不通，完全没有什么花卉点缀在山间开放，他就命令下人用泥土包裹桃核制做成弹丸，抛射到山岭上，过了一两年之后，桃花开满山谷，灿烂好似锦绣。

滕达道[1]在馆中，尝花时约孙莘老[2]辈同游，出封邱门[3]，入小巷，至一门，陋甚，又数步，至大门，特壮丽，造厅下马，主人戴道帽，衣紫半臂，徐步而出。达道因曰："今日风埃。"主人曰："此中不觉，诸公宜往小厅。"至则杂花盛开，雕阑画楯，楼观甚丽，水陆毕陈，皆京师所未尝见。莘老尝语人曰："平生看花只此一处。"[4]

注释

〔1〕滕达道：滕元发，原名甫，字达道，东阳（今浙江省东阳市）人，北宋著名文学家范仲淹的外孙，曾任开封府尹。

〔2〕孙莘老：孙觉，字莘老，江苏高邮人，北宋文学家、进士，与苏轼、王安石等交好。

〔3〕封邱门：北宋京城开封正北方外城的城门。

〔4〕出处：宋孙升《孙公谈圃》。

译文

滕元发在馆阁里工作的时候，曾有一回百花盛开时约孙觉等人一同游赏，出了封邱门，进了一条小巷子，到了一处门口，十分简陋，又走了几步，到了大门口，特别壮丽，进入大厅里边下马，见到主人戴着道帽，穿着紫色短袖的衣服，正缓步朝他们走来。滕元发说："今天的风扬起了尘埃。"主人说："我这屋子里感受不到，诸位请前往小厅。"到达小厅，那里的场景是杂花盛开，雕栏画栋，楼房建造得非常壮观，而且水陆交错，都是他们以前在京城里从没有见过的。孙觉曾对人说："我活到现在只有这一处的花真正值得观赏。"

惠[①]洪觉范〔1〕能画梅花，每用皂子胶〔2〕画梅于生绢扇上，灯月下映之，宛然影也。〔3〕

校勘

① 惠：原刻《学海类编》本无，此据《画继》补。

注释

〔1〕惠洪觉范：惠洪，初名慧洪，一名德洪，字觉范，自号寂音尊者，北宋著名僧人、诗人，著述颇丰，较有名者有《冷斋夜话》《禅林僧宝传》等。

〔2〕皂子胶：皂荚树果实中提取的胶质物。皂荚为蔷薇目豆科的一种落叶乔木，古人常用其果实制作肥皂。

〔3〕出处：宋邓椿《画继》。

译文

北宋僧人惠洪能画梅花，经常用皂荚种子的胶在生绢布制作的扇子上画梅花，这样画出的梅花在灯光或月光的映照下形成阴影，非常清楚地显示出梅花的样子。

〔清〕居 廉

宣和[1]初，京师大兴园圃，蜀道进一接花人曰刘幻，言其术与人异常，徽宗[2]召赴御苑。居数月，中使诣苑检校，则花木枝叶十已截去八九，惊诘之，刘所为也。呼而诘责，将加杖，笑曰："官无忧，今十一月矣，少须正月，奇花当盛开。苟不然，甘当极典。"中使入奏，上曰："远方技艺，必有过人者，姑少待之。"至正月十二日，刘白中使，请观花，则已半开，枝萼晶荣，品色迥绝。酴醾一本五色，芍药、牡丹变态百种，一丛数品花，一花数品色。池冰未消，而金莲重台，繁香芬郁，光景粲绚，不可胜述。事闻，诏用上元节张灯花下，召戚里宗王，连夕宴赏，叹其人术夺造化，厚赐而遣之。[3]

注释

〔1〕宣和：宋徽宗年号，使用时间为公元1119年至1125年。

〔2〕徽宗：赵佶（jí），宋神宗之子、宋哲宗之弟，公元1100年至1125年在位。他爱好书法、绘画、蹴鞠等文艺活动，将朝政托付奸臣，在他执政晚期，北宋趋向灭亡。徽宗1126年初将皇位禅让于宋钦宗赵桓（huán），自为太上皇。1127年金军攻破都城开封，宋徽宗和儿子宋钦宗均被俘获。1128年金太宗完颜晟封宋徽宗为昏德公。之后他一直过着亡国奴的生活，于1135年去世。

〔3〕出处：明慎懋（mào）官《华夷花木鸟兽珍玩考》，成书于万历九年（1581）。

译文

宣和初年，京城大量兴建园圃，从四川来了一个善于嫁接花卉的手艺人，名叫刘幻，说自己的种植技术异于常人，宋徽宗把他招进御花园。住了几个月，宫里派宦官到花园里检查，看到其中的花木枝叶已经被剪去了十之八九，使者惊讶地询问，原来是刘幻做的。于是把刘幻叫来斥责，还要对他施加杖刑，刘幻笑着说："大人不要忧虑，现在是十一月，再稍微等等，到正月里，奇异的花卉就会盛开。如果没像我说的这样，我甘愿受极刑。"宦官入宫禀奏，皇上说："从远方来的技术必定有过人之处，姑且等等看吧。"到了正月十二日，刘幻告诉宦官，请他来看花，园子里的花已经开了一半了，花朵闪亮，枝叶繁茂，品种色彩都是超绝的。比如荼蘼花一根枝上有五种颜色，芍药和牡丹的花色有百种变化，一丛里有好几个品种，一种花有好几个类型。当时池塘里的冰还没有消融，可是金莲却已经开放。花园里各种香气芬芳馥郁，景色光彩绚烂夺目，无法用文字描述。宋徽宗听说了之后，下诏书命令上元节（正月十五）这一天在御花园里张灯结彩，宣召皇室宗亲，连夜宴饮观赏，感慨刘幻的种花技术真是巧夺天工，加以丰厚的奖赏之后才让他退下。

蔡居①安[1]夏日会食瓜，令坐客征瓜事，各疏所忆，每一条食一片。最后校书郎董彦远[2]连征数事，皆所未闻，坐客咸服。[3]

校勘

① 居：原刻《学海类编》本作“君”，此据《挥麈录》改。

注释

〔1〕蔡居安：蔡攸，字居安，北宋权相蔡京之子，宋徽宗、钦宗年间亦为宰相，徽宗即位之初曾任秘书省（管理国家藏书的中央机构）秘书郎。

〔2〕董彦远：北宋官吏，当时任职秘书省校书郎，是蔡攸的下级。

〔3〕出处：宋王明清《挥麈（zhǔ）录·前录》。

译文

蔡攸夏天召集客人吃瓜，让客人们征集有关瓜的故事，各自凭记忆说出，每说出一则故事就可以吃一片瓜。最后校书郎董彦远一连说了好几件事，都是大家没听说过的，客人们都很佩服他。

孙惟信[1]弃官隐西湖，工诗文，好艺花卉，自号“花翁”。[2]

注释

〔1〕孙惟信：字季蕃，开封府人，南宋诗人、词人，无意仕途，生性旷达。

〔2〕出处：宋刘克庄《孙惟信墓志铭》，见刘克庄《后村集》卷一五〇。

译文

孙惟信辞去官职后隐居在西湖，工于诗文，爱好种植花卉，自号“花翁”。

林逋[1]隐居孤山[2]，徵辟[3]不就，构巢居阁，绕植梅花，吟咏自适，徜徉湖山，或连宵不返，客至，则童子放鹤招之。[4]

注释

〔1〕林逋（bū）：字君复，北宋著名隐逸诗人，文名重于当世，死后宋仁宗赠谥“和靖先生”。

〔2〕孤山：杭州西湖中一个小岛上的山丘，仅高数十米。

〔3〕徵辟（bì）：古时朝廷直接任用平民为官。

〔4〕出处：明田汝成《西湖游览志》（成书于嘉靖年间）。

译文

林逋隐居在孤山，朝廷想任命他为官也不接受。居住在自己修建的房子里，屋舍四周遍植梅花，林逋在其间吟咏诗歌，自得其乐，有时在湖光山色之间徜徉，到了晚上也不回家。如果有客人来，家中的小书童就放飞白鹤召唤他。

宋端平[1]间，有老子寓嘉兴[2]旅店，日携金柑一篮出卖，及暮归浩歌，若是月余。店翁怪其所携不益，而久不竭。暮窥其室，用香炉盛上种柑子而卧，且复窥之，则炉中有小柑树，柑子累垂矣。店翁邀饮，愿授其术，老子曰："此太上养道法，给身有余，养家不足，此亦秘文，不可轻泄。"店翁曰："每日应酬甚劳，而未尝一醉，今欲委店务于儿，从翁授此法，但图终身醉饱而已。"连拜伏地不起。老子曰："奈何萌贪心？"盖店翁意谓若得其术，一夕可得数千株，则可养家，且可致富，即为老子所觉。店翁再拜谢过，明日不知老子所在。次年同店之人，又见老子在庐州[3]卖枇杷矣。[4]

按《稽神录》[5]"大梁逆旅客卖皂荚"，《江淮异人录》[6]"洪州刘同圭卖蕈[7]"，事略相同，不复具载。

注释

〔1〕端平：宋理宗赵昀年号，公元 1234 年至 1236 年使用。

〔2〕嘉兴：地名，今浙江省嘉兴市。

〔3〕庐州：古地名，今安徽省合肥市。

〔4〕出处：明徐象梅《两浙名贤录 · 外录》。

〔5〕《稽神录》：宋初徐铉所撰志怪小说集。

〔6〕《江淮异人录》：宋吴淑所撰志怪小说集。

〔7〕蕈（xùn）：蘑菇一类的菌类。

译文

宋代端平年间，有一个老人家住在嘉兴的旅店，每天都带着一篮子金橘外出售卖，到了傍晚才大声唱着歌回来，像这样的情景持续了一个多月。店主人感到很奇怪，为什么老头能够带着不易获取的货物而且源源不断。于是店主人晚上就去老头的房间偷看，见到老头在香炉里放上金橘的种子后才睡，第二天一早又去偷看，看到香炉里有棵小柑橘树，树上已经果实累累了。店主人邀请老头喝酒，希望老头把变出柑橘的法术传给自己，老头说："这是太上养道的法术，养活一个人绰绰有余，但是却不足以养活一大家人，而且这是个秘术，不能轻易泄露。"店主人说："我每天接待客人非常辛苦，因而没有尽兴醉过酒，今天想把店里的事务交给儿子，跟随您学习这门法术，只求这辈子能够每天吃饱喝足罢了。"说完连连向老头跪拜，趴在地上不起来。老头说："唉，你怎么萌生贪念了呢？"原来店主人想的是，假如能够习得老头的法术，一晚上就可以获得几千棵长满果实的柑橘树，这样就能养活整个家庭，还能致富，可惜被老头察觉了。店主人又向老头跪拜，承认过错，转天老头已不知去向。过了一年，当时和老头同住嘉兴旅店的一名客人又看到老头在庐州售卖枇杷果了。

陈诗教按，《稽神录》"大梁逆旅客卖皂荚"条，《江淮异人录》"洪州刘同圭卖蕈"条，也都说了差不多的故事，这里就不再转载了。

宋何铸[1]性喜梅，常作乌木缾[2]，簪古梅枝，缀像生梅数花，置座右[3]，欲左右未尝忘梅。[4]

注释

〔1〕何铸：字伯寿，浙江余杭（今杭州市余杭区）人，宋徽宗年间进士，南宋建立后任御史中丞、秘书少监、知州等官职。

〔2〕缾（píng）：同“瓶”，瓶子。

〔3〕座右：座位的右边的书桌位置。古人常把所珍视的文、书、字、画放置于此。

〔4〕出处：宋林洪《山家清供》。

译文

宋人何铸喜好梅花，曾经用乌木制作成瓶子，插放古梅树的树枝，点缀几朵新鲜的梅花，放在书桌上，想让自己和附近的人时刻都不忘记梅花。

［清］余穉

漳州[1]术士萧韶多幻术，尝在郡守郎时秀坐赏花，酒再行，戏曰:“值此花辰，无以为乐，欲召数妓侑觞[2]，可乎？”守曰:“可。”韶乃作密语，俄见四妓，各携乐器，自后门出前，曰:“妾等以花为名，曰芍药，曰梨花，曰杜鹃[3]，曰酴醾。”且云能诗，即令各咏其名，吟罢起舞，莺喉纤丽，柳态轻盈，郎为动情，将欲犯之，韶遽[4]叱之去，四妓悉化为花矣。[5]

〔清〕郎世宁

注释

〔1〕漳州：地名，今福建省漳州市。

〔2〕侑觞（yòu shāng）：佐酒，劝酒。

〔3〕杜鹃：杜鹃花，杜鹃花科杜鹃属常绿灌木，春季开漏斗形花，花色原为鲜红色，后经人工繁育，有淡红、雪青、白色等。

〔4〕遽（jù）：急忙。

〔5〕出处：未详。明末碧山卧樵纂辑《幽怪诗谈》亦录。

译文

漳州的术士萧韶会很多变幻的法术，曾经在漳州郡守郎时秀家里赏花，酒喝多了，萧韶开玩笑说："这时候正值香花盛开，却没有乐趣，我想叫几个歌姬前来，以助酒兴，可以吗？"郡守说："可以。"萧韶于是口念咒语，不久就出现四个歌姬，各自携带着乐器，从后门口走向前来，说道："我们都是用花的名字来取名的，一个叫芍药，一个叫梨花，一个叫杜鹃，一个叫荼蘼。"而且她们对郡守说自己会写诗歌，郡守就命令其各自以自己的名字为题作诗，她们就当众吟咏出来，之后翩翩起舞，莺声细语，轻盈纤丽，郎郡守因为她们而动了情欲，将要冒犯她们，萧韶这时赶忙大声呵斥她们离开，四名歌姬就都变成了花朵。

宋吴瑛[1]，蕲州人，壮年致仕[2]，筑室临溪，种花酿酒，客至饮必醉。[3]

注释

〔1〕吴瑛：字德仁，蕲（qí）州蕲春（今湖北省黄冈市蕲春县）人，北宋著名隐士。

〔2〕致仕：古代官员退休。

〔3〕出处：元脱脱等撰《宋史·吴瑛传》。

译文

宋代的吴瑛，是蕲州人，他壮年就退休，在靠近溪水的地方修筑屋舍居住，种花酿酒，有客人来一定会喝酒喝到醉。

江南一驿吏，以干事自任，典部省初至，吏曰：“驿中已理，请一阅之。”刺史往视，初见一室，署曰酒库，诸酝[1]毕熟，其外画一神，刺史问是谁，言是杜康[2]，刺史曰：“公有余也。”又一室，署云茶库，诸茗毕贮，复有一神，问是谁，云是陆鸿渐[3]，刺史益善之。又一室，署云葅[4]库，诸菹毕备，亦有一神，问是谁，吏曰蔡伯喈[5]，刺史大笑。[6]

注释

〔1〕酝（yùn）：原指酿酒，也可用作名词，酒。

〔2〕杜康：中国民间传说中酒的发明者，黄帝时人，一说为夏朝、汉朝人，后世尊为酒圣。

〔3〕陆鸿渐：陆羽，字鸿渐，唐代著名的茶学家，民间奉为茶神。

〔4〕葅（zū）：同“菹”，咸菜，腌菜。

〔5〕蔡伯喈：蔡邕（yōng），字伯喈（jiē），东汉时期文学家、书法家，因为他的名字谐音“菜饔”（饔意为熟食），所以民间把他附会成“咸菜之神”。

〔6〕出处：唐李肇《国史补》，陈诗教将此条收录在宋代，未知何故。

译文

江南地区有个驿站的小官员，自我评价很有才干，上级主管部门的官员刚刚到达，他就向上级报告说：“驿站里面我治理得很好，请大人前来检阅。”刺史大人就前去视察，刚开始到了一间署名酒库的房间，里面各种酒都已经酿好了，房间外面挂了一幅神像，刺史问这是谁，这个小官员说是杜康，刺史说：“你还真有余暇啊。”又到了一间署名茶库的房间，各种茶叶都存放在里面，也有一幅神像，刺史问神像画的是谁，官员回答说是陆羽，刺史赞评起来。又到了一处署名咸菜库的房间，里面各种咸菜都有，也有一幅神像，刺史又问这是谁，官员说是蔡邕，刺史听完大笑起来。

宋高似孙[1]尝作《水仙赋》，后得花一二百本，以两古铜洗[2]艺之，学《洛神赋》[3]体，复作《后水仙赋》。[4]

注释

〔1〕高似孙：字续古，号疏寮，鄞县（今浙江省宁波市）人，南宋孝宗年间进士。

〔2〕铜洗：铜制的洗手盆，即敞口铜盆。

〔3〕《洛神赋》：三国时期曹植创作的辞赋，叙述自己在洛水边与洛神相遇的故事。

〔4〕出处：宋高似孙《纬略》。

译文

宋人高似孙曾经写过《水仙赋》，后来他得到一两百棵水仙花，用两个古铜盆养植它们，仿照《洛神赋》的体例，又创作了《后水仙赋》。

宋刘跛子[1]，青州人，常拄一拐，每岁必至洛阳看花，馆范家园，春尽即还。[2]

注释

〔1〕刘跛（bǒ）子：宋代一个练习道术的人，也叫刘野夫，青州（今山东省青州市）人，民间相传他已经成仙。

〔2〕出处：宋惠洪《冷斋夜话》。

译文

宋人刘跛子，是青州人，经常拄着一个拐杖，每年必定到洛阳去看花，住宿在范家园，春天过去才走。

张舜民[1]责柳州[2]税，柳多碧莲，根大如盌[3]，张尝以墨印于诗稿上，以诧[4]北人。[5]

注释

〔1〕张舜民：字芸叟，自号浮休居士，又号矴斋，邠州（今陕西省彬县）人，北宋文学家、画家。

〔2〕柳州：地名，今广西壮族自治区柳州市。

〔3〕盌：同“碗”。

〔4〕诧（chà）：使人感到诧异、怪异。

〔5〕出处：宋孙升《孙公谈圃》。

译文

张舜民负责柳州地区的税务，柳州有很多青莲花，根部的莲藕像碗一般粗大，张舜民曾经用藕的横截面沾上墨汁印在自己的诗稿上，送给北方的人，让他们感到诧异。

张茂卿好事，其家西园有一楼，四围植奇花异卉殆遍，尝接牡丹于椿树〔1〕之杪〔2〕，花盛开时，延宾客推窗玩焉。〔3〕

注释

〔1〕椿树：臭椿，苦木科臭椿属落叶乔木，其叶片基部有腺体能散发臭味。

〔2〕杪（miǎo）：树梢。

〔3〕出处：明刘绩《霏雪录》（成书于明弘治年间）。

译文

张茂卿比较爱好钻研，他家西园有一栋楼，四周围都种满了奇花异草，他曾经把牡丹嫁接到臭椿的树梢上，花盛开的时候就邀请宾客推开窗户观赏。

张茂卿家居颇事声伎〔1〕，一日园中樱桃花开，携酒其下，曰：“红粉风流，无逾此君。”悉屏伎妾。〔2〕

注释

〔1〕伎：歌姬。

〔2〕出处：明王路《花史左编》。

译文

张茂卿在家里颇爱蓄养歌姬，一天他园子里的樱桃树开花了，就带着酒在树下游玩，说：“红粉风流，没有比得上这樱桃花的。”然后就叫姬妾们全都离开了。

宋僧文莹[1]，博学攻诗，多与达人墨士相宾主。尝种竹数竿，蓄鹤一只，遇月明风清，则倚竹调鹤，嗽茗孤吟。[2]

注释

〔1〕文莹：北宋僧人、诗人，是苏舜钦的诗友，著有《湘山野录》《玉壶清话》等。

〔2〕出处：明钓鸳湖客《鸳渚志余雪窗谈异》中的《东坡三过记》。

译文

宋代的僧人文莹，博学而又善于写诗，经常和达官、文士们互相交往。他曾经栽种了几棵竹子，养着一只鹤，遇到风清月朗的天气就靠着竹子调教白鹤，一边喝茶一边吟咏诗章。

宋刘漫塘[1]，尝采栀子[2]花和面食之，名薝卜[3]煎，清芳可爱。[4]

注释

〔1〕刘漫塘：刘宰，字平国，号漫塘病叟，润州金坛（今江苏省金坛市）人。

〔2〕栀子：茜草科栀子属常绿灌木或小乔木，夏天开白花或淡黄色花，香味浓郁。

〔3〕薝卜（zhān bó）：本为佛经中记载的一种花，后成为栀子花的别称。

〔4〕出处：宋林洪《山家清供》。

译文

宋人刘宰曾经采摘栀子花与面和在一起吃，并且取名叫“薝卜煎”，味道清香令人喜爱。

永嘉甄龙友[1]，滑稽辨捷。楼宣献[2]自西掖[3]出守，以首春觞客，甄预坐席间，谓公曰："今年春气，一何太盛。"公问其故，甄曰："以果奁[4]甘蔗知之，根在公前，而末已至此。"[5]

注释

〔1〕甄龙友：字云卿，永嘉（今浙江省温州市）人，宋高宗时进士。

〔2〕楼宣献：楼钥（yuè），字大防，明州鄞县（今属浙江省宁波市）人，南宋大臣、文学家，谥号宣献，故称。

〔3〕西掖：原指宫廷西侧，后成为中书省的代称。中书省是古代皇帝直属的中枢官署之名。

〔4〕奁（lián）：盛放器物的匣子。

〔5〕出处：未详，明末查应光《靳史》卷二二亦录。

译文

永嘉人甄龙友言谈诙谐，答辩敏捷。楼钥从中书省出任太守（知州），在早春时节宴饮宾客，甄龙友提前坐在了宴席间，对楼钥说："今年的春气也未免太兴盛了吧。"楼钥问他缘故，甄龙友说："我从果盘里的甘蔗上推测出来的，这甘蔗的根部在您前面，可末梢已经到我这里了。"

〔清〕任 颐

宋张功甫镃[1]，宴客牡丹会，众宾既集一虚堂中，寂无所有。俄问左右云："香发未？"答曰："已发。"命卷帘，则异香自内出，郁然满座。群伎以酒殽、丝竹次第而至，别有名姬十辈，皆衣白，凡首饰衣领皆牡丹，首带照殿红[2]，一妓执板奏歌侑觞，歌罢乐作，乃退。复垂帘，谈论自如，良久香起，卷帘如前，别十姬易服与花而出，大抵簪白花则衣紫，紫花则衣鹅黄，黄花则衣红，如是十杯，衣与花凡十易。所讴[3]者，皆前辈牡丹名词。酒竟，歌乐无虑百数十人，列行送客，烛光香雾，歌吹杂作，客皆恍然如仙游。[4]

注释

〔1〕张功甫镃（zī）：张镃，字功甫，号约斋，南宋文学家，历任通判、司农寺丞等职。

〔2〕照殿红：一说为红色品种的山茶花，一说为红宝石。

〔3〕讴（ōu）：歌唱。

〔4〕出处：宋周密《齐东野语》。

译文

宋人张镃召开“牡丹会”来宴请宾客，众人在一间宽敞的堂屋里集中，四周寂静，什么也没有。不久张镃问下人：“香气散发了吗？”仆人回答说：“已经发了。”于是下令卷起帘幕，接着有奇异的香味从里面散发出来，所有座位上都有很浓郁的味道。有一群歌姬拿着酒食、乐器依次走出，另有十个歌姬都穿着白衣服，她们的首饰和衣领上都装饰着牡丹花，头上戴着山茶花，一名歌姬拿着拍板唱歌助酒兴，歌唱完了音乐起，方才退下。再一次放下帘子，主宾谈笑自如，过了一段时间后香气又起，还是跟前面一样卷起帘子，另外十个歌姬换了衣服和佩戴的花出来，大致上是戴白花就穿紫衣服，戴紫花就穿黄衣服，戴黄花就穿红衣服，像这样喝了十轮酒，衣服和花朵就换了十次。歌姬们歌唱的都是前人写的有关牡丹花的名作。酒席结束了，歌姬和乐师加起来差不多有一百几十个，列队送客，香雾弥漫在烛光里，歌声乐声混在一起，宾客们都恍惚得好像游览仙界一般。

张功甫尝于南湖园作驾霄亭于四古松间，以巨铁絙[1]悬之空半，当风月清夜，与客梯登之，飘摇云表。[2]

注释

〔1〕絙（gēng）：大绳索。

〔2〕出处：宋周密《齐东野语》。

译文

张镃曾经在南湖园的四棵古松树间建造“驾霄亭”，用粗大的铁链把亭子悬在半空中，每当月夜风清的时候，就和客人爬梯子登上去，好像飘摇在云雾之上。

宋僧德修[1]作酴醾粥，采花片用甘草[2]汤焯[3]，候粥熟同煮。又采木香[4]嫩叶，就元[5]焯以盐油拌为菜茹。[6]

注释

〔1〕德修：宋孝宗时僧人，居浙江金华，著有《释氏通纪》。

〔2〕甘草：豆科甘草属多年生草本植物，根和地下茎可入药，因其味甜，故称甘草。

〔3〕焯（chāo）：一种烹饪手法，把食物放入滚水中略微煮一煮就捞出。

〔4〕木香：一种菊科植物，根部可以入药，气味芳香特异。

〔5〕元：同“原”，指原来的甘草汤。

〔6〕出处：明陈继儒《致富奇书》，明高濂《遵生八笺》。

译文

宋代的僧人德修会做荼蘼粥，先采摘荼蘼花瓣用甘草汤焯一下，等粥煮熟了再把花瓣放进去一起煮。他还采摘木香的嫩叶，放进甘草汤里焯一下之后，拌上盐油制成凉菜。

徐俭乐道，隐于药肆中，家植海棠，结巢其上，引客登木而饮。[1]

按，徐俭，《海棠谱》[2]一作徐佺。

注释

〔1〕出处：宋《绀珠集》，不著撰人姓名，一说为宋代朱胜非著。

〔2〕《海棠谱》：作者为宋人陈思，该书汇集有关海棠花的诗句、故事等。

译文

徐俭安贫乐道，隐居在药铺里，家里种植了海棠，他在海棠树上建造木屋，引领客人攀登上去喝酒玩乐。

陈诗教按，“徐俭”在《海棠谱》中也写作“徐佺”。

刘晔[1]尝与刘筠[2]饮茶，问左右云："汤滚也未？"众曰："已滚。"筠曰："佥曰鲧哉[3]。"烨应曰："吾与点也[4]。"[5]

注释

〔1〕刘晔（yè）：字耀卿，河南洛阳人，北宋大臣，历任秘书省著作郎、刑部郎中、龙图阁直学士等官职。

〔2〕刘筠（yún）：字子仪，宋真宗时进士、诗人，历任县尉、知州、翰林学士、御史中丞、龙图阁直学士等职。

〔3〕佥曰鲧哉：佥（qiān），众人，大家。鲧（gǔn），大禹的父亲。这句话是《尚书·尧典》中的语句，尧帝问众人谁能够治理洪水，众人说"应该是鲧吧"。刘筠是用"鲧"和"滚"的谐音为戏言。

〔4〕吾与点也：点，曾点，字子皙，孔子的学生。这句话出自《论语·先进》，孔子询问诸位学生的志向，曾点回答完之后孔子说"吾与点也"，意思是"我赞同曾点的想法"。刘烨引用这句话表示自己赞同刘筠的意见。

〔5〕出处：宋吴处厚《青箱杂记》。

译文

刘晔曾经和刘筠一起喝茶，问旁边的仆人说："水开了吗？"仆从们说："水已经滚开了。"刘筠说："大家都说应该是鲧（滚）了吧。"刘晔应声说："我赞同你的看法。"

宋林山人洪〔1〕，尝采芙蓉花煮荳腐〔2〕，红白交错，恍如雪霁〔3〕之霞，名雪霞羹。〔4〕

注释

〔1〕林山人洪：林洪，宋高宗年间进士，对园林、饮食颇有研究，著有《山家清供》二卷和《山家清事》一卷。山人，隐居山中的人。

〔2〕荳腐：即豆腐。

〔3〕霁（jì）：雨雪之后天气转晴。

〔4〕出处：宋林洪《山家清供》。

译文

宋代的隐士林洪，曾经采摘芙蓉花煮豆腐，菜品红白交错，仿佛是雪过天晴时的云霞，取名“雪霞羹”。

宋刘廉靖①〔1〕尝采带露葵〔2〕叶，研汁擦纸上，名曰葵笺。〔3〕

校勘

① 刘廉靖：原刻《学海类编》本作“刘蹲”，误，此据《山家清事》改。

注释

〔1〕刘廉靖：内侍省的官员，生平不详。内侍省为皇帝近侍之机构，管理宫廷内部事务。

〔2〕葵：葵菜，锦葵科锦葵属的冬葵，为二年生草本植物，嫩叶可以食用，有黏液，爽滑可口。

〔3〕出处：宋林洪《山家清事》。

译文

宋人刘廉靖曾经采摘带着露水的葵菜叶子，研磨成汁液擦在纸上，取名“葵笺”。

杨万里[1]东园新开九径，江梅、海棠、桃、李、榴、杏、红梅、碧桃、芙蓉，各植一径，命曰“三三径”。[2]

注释

〔1〕杨万里：字廷秀，号诚斋，南宋大臣、文学家、诗人，其诗歌活泼自然，饶有谐趣，称为“诚斋体”。

〔2〕出处：杨万里《三三径》诗序。

译文

杨万里的东花园新开辟了九条小路，分别用江梅、海棠、桃、李、石榴、杏、红梅、碧桃、芙蓉沿路栽种，取名“三三径”。

元

元莫月鼎[1]有异术，一日天色霁爽，世祖[2]问曰：“可闻雷否？”对曰：“可。”即以手取胡桃[3]掷地，雷应声而发。[4]

注释

〔1〕莫月鼎：字起炎，号月鼎，宋末元初著名道士。

〔2〕世祖：元世祖孛儿只斤·忽必烈，元朝开国皇帝，成吉思汗之孙，1260 年至 1294 年在位，1271 年改国号“大蒙古国”为“大元”。

〔3〕胡桃：即核桃。

〔4〕出处：明初宋濂《元莫月鼎传碑》。

译文

元代的莫月鼎有奇异的法术，一天天气晴朗，元世祖问他：“能不能让我听到雷声呢？”他回答：“可以。”当即手拿核桃抛掷在地上，雷就应声而发了。

周之翰[1]寒夜拥炉爇[2]火，见缾内所插折枝梅花冰冻而枯，因取投火中，戏作下火文，云："寒勒铜缾冻未开，南枝春断不归来。这回勿入梨云梦，却把芳心作死灰。恭惟地炉中处士梅公之灵，生自罗浮，派分庾岭[3]。形若槁木，棱棱山泽之臞，肤如凝脂，凛凛冰霜之操。春魁占百花头上，岁寒居三友图中。玉堂茅舍总无心，金鼎商羹期结果。不料道人见挽，便离有色之根，夫何冰氏相凌，遽返华胥之国[4]。玉骨拥炉烘不醒，冰魂剪纸竟难招。纸帐夜长，犹作寻香之梦。筠窗月淡，尚疑弄影之时。虽宋广平[5]铁石心肠，忘情未得，使华光老[6]丹青手段，摸索难真。却愁零落一枝春，好与茶毗[7]三昧火。惜花君子，还道这一点香魂，今在何处？咦！炯然不逐东风散，只在孤山水月中。"[8]

注释

〔1〕周之翰：周申父，字之翰，生平不详。

〔2〕爇（ruò）：焚烧。

〔3〕庾岭：山名，位于江西省大庾县南，和上文的罗浮（罗浮山，广东省增城县境内）一样，都是古代的产梅胜地。

〔4〕华胥之国：相传上古的黄帝曾经梦游，进入华胥国，后用华胥国比喻梦境。

〔5〕宋广平：唐玄宗朝宰相宋璟，受封广平郡公，故称。著有《梅花赋》。

〔6〕华光老：花光仲仁和尚，北宋越州会稽（今浙江省绍兴县）人，他法号仲仁，因居住于华光寺，世称华光仲仁，或花光仲仁，善于画梅花。

〔7〕荼毗（chá pí）：梵语的音译，指出家人圆寂后的火葬。

〔8〕出处：元陶宗仪《南村辍耕录》卷二八。

译文

周之翰在寒冷的夜晚用火炉取暖，看到瓶子里插的折枝梅花因为冰冻而枯萎了，就拿来投进火里，玩笑着写了一篇下火文。（下略。）

元陶宗仪[1]饮夏氏清樾堂[2]上，酒半，折正开荷花，置小金卮[3]于其中，命歌姬捧以行酒。客就姬取花，左手执枝，右手分开花瓣，以口就饮，名为“解语杯”。[4]

注释

［1］陶宗仪：字九成，号南村，浙江黄岩人，元末明初文学家、史学家。

［2］清樾堂：位于松江府（今上海市）的一处私家园林。

［3］卮（zhī）：古同“巵”，一种酒器。

［4］出处：元陶宗仪《南村辍耕录》卷二八。

译文

元代的陶宗仪在夏家的清樾堂里喝酒，喝到一半时，采摘了一朵正在盛开的荷花，把一个小金杯放在花房里，命令歌姬捧着花朵去劝酒。客人靠近歌姬的手取花，左手拿着花枝，右手分开花瓣，嘴靠近了去饮用，取名“解语杯”。

鲜于伯机[1]尝于废圃中得怪松一株，移置所居斋前，呼为“支离[2]叟”，朝夕抚玩以为适[3]。[4]

注释

［1］鲜于伯机：鲜于枢，字伯机，元代著名书法家。

［2］支离：散乱没有条理，形容松树的枝条长得杂乱。

［3］适：舒适，惬意。

［4］出处：元陆友仁《研北杂志》。

译文

鲜于枢曾经在荒废的花园里寻得一棵长相怪异的松树，移栽到自己住处房前，称呼它为“支离叟”，早晚爱抚赏玩，十分惬意。

张伯雨[1]有古铜洗，种小芭蕉，名之曰“蕉池积雪”。[2]

注释

〔1〕张伯雨：张雨，字伯雨，元代文学家、书画家、茅山派道士，12岁出家游历名山，后入道门。

〔2〕出处：元倪瓒《清閟（bì）阁遗稿》卷七收录倪瓒诗《昔张外史有古铜洗，种小蕉白石上，置洗中，名之曰蕉池积雪，轩西园老人追和张、刘二君诗书挂轩中，予亦为之次韵》。

译文

张雨有一个古代流传下来的铜盆，他用来种植小芭蕉，取名“蕉池积雪”。

倪元镇[1]性好洁，阁前置梧石[2]，日令人洗拭。又好饮茶，在惠山中，用核桃、松子肉和真粉[3]成小块，如石状，置茶中，名曰“清泉白石茶”。[4]

注释

〔1〕倪元镇：倪瓒，字元镇，元末明初画家、诗人，善于画山水、墨竹。

〔2〕梧石：梧桐树和假山。倪瓒有《梧竹秀石图》。

〔3〕真粉：绿豆粉。见元吴瑞《日用本草》。

〔4〕出处：元倪瓒《清閟阁遗稿》卷一四。

译文

倪瓒生性爱好洁净，他住的阁楼前面有梧桐树和假山，他每天都命人擦洗。倪瓒还爱好喝茶，住在惠山的时候，他用核桃、松子的果肉裹上绿豆粉做成小块，好像小石子的样子，放在茶里，取名“清泉白石茶”。

明

铁脚道人[1]尝爱赤脚走雪中，兴发则朗诵《南华·秋水篇》[2]，嚼梅花满口，和雪咽之，曰："吾欲寒香沁入肺腑。"[3]

注释

〔1〕铁脚道人：姓杜，名巽（xùn）才，据明敖英《〈霞外杂俎〉后语》记载，"有楚客言，二十年前曾见道人于荆南，虬髯玉貌，倜傥不羁人也……或曰道人姓杜，名巽才，魏人"。

〔2〕《南华·秋水篇》：《庄子》的外篇第十七篇《秋水》，"南华经"是《庄子》的别称。

〔3〕出处：明杜巽才《霞外杂俎》。

译文

铁脚道人曾经喜欢赤脚走在雪地里，雅兴大发时就朗诵《庄子》中的《秋水》篇，他把梅花放进嘴里咀嚼，和雪一起咽下去，说："我想要让寒冷的香气沁染到五脏六腑之中。"

卢廷璧[1]嗜茶成癖，号“茶庵”，尝蓄元僧讵可遗茶具十事，时具衣冠拜之。[2]

注释

〔1〕卢廷璧：明代书画收藏家，生平不详。

〔2〕出处：明都穆《寓意编》。

译文

卢廷璧爱茶成了癖好，自己取了个号叫“茶庵”，他曾经收藏元代僧人讵可送给他的十件茶具，不时整顿衣冠礼拜这些茶具。

李玉英秋日捣凤仙花[1]，染指甲后，于月下调弦，或比之“落花流水”。[2]

注释

〔1〕凤仙花：蔷薇亚纲凤仙花科凤仙花属一年生草本植物，花形似凤，故名凤仙花，花色有粉红、大红、紫色等，民间多用其花瓣的汁液染指甲。

〔2〕出处：明王路《花史左编》。

译文

李玉英秋天捣烂凤仙花的花瓣，用来给指甲染色，之后在月下调整琴弦，有人将之比喻为“落花流水”。

茅山乾元观姜麻子，黑夜纫衲[1]，从扬州乞烂桃核数石[2]，空山月明中种之，不避豺虎。[3]

注释

[1] 纫衲（rèn nà）：缝补衣衫。

[2] 石（dàn）：古代容量单位，十斗为一石。

[3] 出处：明王路《花史左编》。

译文

茅山乾元观有一个姜麻子，喜欢在晚上缝补衣服，他从扬州乞讨来好几石烂桃核，在明月映照下的空山中栽种这些桃核，完全不躲避豺虎等野兽。

吴孺子[1]每瓶中花枝狼籍，则以散衾裯[2]间卧之。[3]

注释

[1] 吴孺子：浙江人，明代道士，善画花鸟画。

[2] 衾裯（qīn chóu）：衾，被子；裯，被单，一说床帐。衾裯，床上卧具。

[3] 出处：明王路《花史左编》。

译文

每当瓶里的插花枯萎凋零的时候，吴孺子就把花瓣取下散布在自己睡觉的被子和被单中间。

补遗

凤纲者，渔阳[1]人也，常采百草花，以水渍泥封之，自正月始，尽九月末止，埋之百日，煎丸之①，卒死者以药纳口中，皆立活。[2]

校勘

① 丸之：原刻《学海类编》本作“凡鱼”，误，此据《神仙传》改。

注释

〔1〕渔阳：地名，今天津市蓟（jì）州区。

〔2〕出处：晋葛洪《神仙传》。

译文

凤纲是渔阳人，他曾经采摘百草花，用水和泥封存，从正月就开始，到九月末结束，埋藏几百天，然后煎成药丸，遇到有猝死的人就把这药丸放进其嘴里，那人立刻就能活过来。

鲍焦[1]耕田而食，穿井而饮，于山中食枣，或曰：“子所植耶？”遂强吐，立枯而死。[2]

注释

〔1〕鲍焦：周代的隐士，因不满时政而遁入山林。

〔2〕出处：汉应劭《风俗通义》。

译文

鲍焦自己耕田种粮食用，自己打井出水饮用，他住在山里吃山中的枣子。有人问：“这枣树难道是你栽种的吗？”他听完就强行呕吐出来，立刻导致生命枯竭而死。

古有女子与人约，曰："秋以为期。"至冬犹未相从。其人使谓之曰："菊花枯矣，秋期若何？"女戏曰："是花虽枯，明当更发。"未几①，菊更生蕊。[1]

校勘

① 几：原刻《学海类编》本作"儿"，此据理校改。

注释

〔1〕出处：元伊世珍《琅嬛记》。

译文

古时候有个女子跟人约定好了打算交往，说："我们把时间定在秋天。"结果到了冬天还是没有正式交往（确定恋爱关系）。那人就派人送信给女子说："菊花已经枯萎了，上次说的'秋天的期限'怎么办？"女子玩笑着说道："这花虽然枯萎了，明天应该会重新萌芽。"没过多久，菊花就重新长出了花蕊。

范汪①〔1〕至能啖梅，人尝置一斛奁，汪留食之，须臾而尽。〔2〕

校勘

① 汪：原刻《学海类编》本作“信”，此据《艺文类聚》《北堂书钞》等校改。

注释

〔1〕范汪：字玄平，南阳顺阳（今河南省淅川县）人，东晋大臣，著名医学家，著有医学著作《范汪方》一百七十多卷。

〔2〕出处：唐欧阳询《艺文类聚》卷八六。

译文

范汪特别能吃梅子，有人曾经送给他一大匣子梅子，他留下来吃，不一会儿就吃完了。

觉林院志崇，收茶三等，待客以“惊雷荚”，自奉以“萱草带”，供佛以“紫茸香”。客赴茶者，皆以油囊盛余沥以归。〔1〕

注释

〔1〕出处：唐冯贽《云仙杂记》引《蛮瓯志》。

译文

觉林院的志崇和尚，收藏的茶叶分三个等级，用“惊雷荚”茶来招待客人，自己饮用“萱草带”茶，用“紫茸香”茶来供奉佛祖。客人来赴他的茶宴之后，都用油布袋把喝剩下的茶装着带走。

杨恂遇花时，就花下取蕊，粘缀于妇人衣上，微用蜜蜡[1]兼挼[2]花浸酒，以快一时之意。[3]

注释

〔1〕蜜蜡：也写作“密腊”，是琥珀的一种，琥珀是古时候的松柏科树木的树脂形成的化石，半透明至不透明的琥珀叫做蜜蜡。

〔2〕挼（ruó）：揉搓。

〔3〕出处：唐冯贽《云仙杂记》引《三堂往事》。

译文

杨恂在百花盛开时，走进花丛里采摘花蕊，把花蕊粘贴、点缀在妇女的衣服上，他用少量的蜜蜡和碾碎的花一起泡酒，以追求一时的欢快心情。

僧普寂[1]大好菖蒲[2]，房中种之，成狮子、鸾凤、仙人各种之状。[3]

注释

〔1〕普寂：唐玄宗时僧人，禅宗高僧神秀的弟子，俗家姓冯，蒲州河东（今山西省永济市）人。

〔2〕菖蒲：天南星科菖蒲属多年生草本植物，全株均有特殊香气，古代民间用来防疫驱邪。

〔3〕出处：唐冯贽《云仙杂记》引《海墨微言》。

译文

僧人普寂特别喜欢菖蒲，屋子里到处都种植了，还把它裁剪成狮子、凤凰、仙人等各种形状。

朱超石[1]与兄书曰："光武坟[2]边杏甚美，今奉送其核。"[3]

注释

〔1〕朱超石：沛郡沛县（今江苏省沛县）人，东晋末年的军事将领，其兄朱龄石亦为将领，二人同归于南朝宋开国皇帝刘裕帐下。

〔2〕光武坟：东汉光武帝的陵墓"原陵"，位于河南省孟津县白鹤镇铁榭村，占地 6.6 万平方米。

〔3〕出处：唐白居易《白氏六帖事类集》。

译文

朱超石给他哥哥写信说："光武帝陵旁边的杏树果子很好吃，现在我把杏核送给你。"

洛阳梨花时，人多携酒树下，日为梨花洗妆也，或至买树。[1]

注释

〔1〕出处：唐冯贽《云仙杂记》引《唐余录》。

译文

洛阳的梨花开放的时节，人们大都带着酒到树下畅饮，号称是给梨花梳洗打扮，更有甚者（因为抢占不到地方而）买下整棵树来。

袁丰居宅后有六株梅，开时为邻屋烟气所烁[1]，屋乃贫人所寄，丰即涂泥塞灶，张幕蔽风，久之拆去其屋。叹曰："烟姿玉骨，世外佳人，但恨无倾城笑耳。"即使妓秋蟾出比之，乃云："可与比驱争先，然脂粉之徒，正当在后。"[2]

注释

〔1〕烁：烤，灼。

〔2〕出处：唐冯贽《云仙杂记》引张洞林《桂林志》。

译文

袁丰的住宅后面有六棵梅花树，梅花开放的时候被隔壁屋子的烟气熏烤，那屋子是个贫穷人家寄住的，袁丰就用泥巴堵塞灶台，张开幕布屏蔽风尘，之后又把隔壁的房子拆了。他为梅花感叹："这梅花是冰肌玉骨，世外佳人，只可惜没有倾城的笑容。"当即就命令姬妾秋蟾出来和梅花站在一起，又说："你可以和梅花一较高下了，但是你涂脂抹粉，还是落在梅花后头。"

潘扆[1]有异术，尝取池中落叶，漉[2]至于地，随叶大小，皆为鱼。[3]

注释

〔1〕潘扆（yǐ）：宋代术士，和州（今安徽省和县）人，善于变幻，当时人称他为“潘仙人”。

〔2〕漉（lù）：用网捞取。

〔3〕出处：宋吴淑《江淮异人录》。

译文

潘扆有奇异的法术，他曾经去取池塘里的落叶，用网兜捞到地上，叶子都变成了与自身等大的鱼。

嵇昌蓄采星盆，夏月渍瓜果，则倍冷。[1]

注释

〔1〕出处：唐冯贽《云仙杂记》引《叙闻录》。

译文

有个叫嵇昌的人收藏了一个采星盆，夏季用这个盆来浸泡瓜果，就会特别冰爽。

王邻隐西山，顶菱角巾，又尝就人买菱，脱顶巾贮之，常永遇而叹曰："此巾名实相副矣。"[1]

注释

〔1〕出处：唐冯贽《云仙杂记》引董慎《续豫章记》。

译文

王邻隐居在西山，头戴菱角巾，他曾经去别人家买菱角，脱下头巾包裹那些菱角，常永在路上碰到他，感叹说："你这头巾的名字和作用是一样的啊。"

陆展郎中见杨梅[1]，叹曰："此果恐是日精，然若①无蜂儿采香，谁胜[2]难和之味？"即以竹丝篮贮千枚，并茶花蜜②，送衡山道士。[3]

校勘

① 若：原刻《学海类编》本作"苦"，此据《云仙杂记》改。

② 蜜：原刻《学海类编》本作"密"，此据《云仙杂记》改。

注释

〔1〕杨梅：杨梅科杨梅属小乔木或灌木植物，果实也叫杨梅，成熟时深红色或紫红色，酸甜多汁。

〔2〕胜：能承担，能承受。

〔3〕出处：唐冯贽《云仙杂记》引常奉真《湘潭记》。

译文

郎中陆展见到杨梅，叹息说："这果子恐怕是太阳的精华，但是假如没有蜜蜂来采花粉，谁能够承担调和出美味的杨梅这样困难的任务呢？"他立刻用竹篮装了上千颗杨梅，跟茶花蜜一起，送给了衡山的道士。

郭元申[①]家贫无食，春月携儿挑野蔬，一日有余，三日不出。[1]

校勘

① 申：原刻《学海类编》本作“中”，此据《云仙杂记》改。

注释

〔1〕出处：唐冯贽《云仙杂记》引《叩头录》。

译文

郭元申家里贫穷缺乏食物，春天带着儿子一起去挖野菜，挖来的野菜如果足够吃一天以上，他三天内就不出门了。

李汉碎胡玛瑙[1]，盘盛送王莒，曰：“安石榴。”莒见之不疑，既食乃觉。[2]

注释

〔1〕玛瑙：一种矿物石头，是二氧化硅的胶状凝聚物，硬度高于水晶，因富含金属离子而呈现红、蓝、褐、黑等多种颜色，具有层带状花纹。

〔2〕出处：唐冯贽《云仙杂记》引《扬州事迹》。

译文

李汉敲碎了玛瑙石，用盘子装着送给王莒，告诉他：“这是石榴。”王莒看了之后不疑有他，等到吃的时候才发觉受骗。

无瑕尝着素袿裳[1]，于佛堂前折桂。明年折桂开花，洁白如玉，女伴折取簪髻，私号“无瑕玉花”。[2]

注释

〔1〕袿裳（guī cháng）：袿指古代妇女上身所穿的服饰，裳指下身的衣裙。

〔2〕出处：明王路《花史左编》。

译文

无瑕曾经穿着白色的衣服，在佛堂前折桂花。来年这棵桂花树又开花了，桂花洁白如玉，无瑕的女伴纷纷采摘佩戴，私下都叫这个桂花为“无瑕玉花”。

方镕[①]隐天门山，以椶榈[1]叶拂书，号曰无尘子，月以酒脯祭之。[2]

校勘

① 镕：原刻《学海类编》本作“鎔”，此据《云仙杂记》改。

注释

〔1〕椶榈(zōng lǘ): 椶同“棕”，棕榈是棕榈科棕榈属常绿乔木，高 3 ~ 7 米，叶片近圆形，分裂为数十片具有折皱的披针形叶片，古人常用来做扇子。

〔2〕出处：唐冯贽《云仙杂记》引《高士春秋》。

译文

方镕隐居在天门山，他用棕榈叶来扫除书上的尘埃，给棕榈叶取了个名号叫“无尘子”，每个月都用酒和肉干祭祀它。

陈郡庄氏女，好弄琴，每弄《梅花曲》，闻者皆云有暗香。[1]

注释

〔1〕出处：元伊世珍《琅嬛记》引《真率斋笔记》。

译文

陈郡有个庄姓人家的女儿，善于演奏古琴，每次她演奏《梅花曲》，听琴的人都说能隐约闻到香气。

房州[1]异人，常戴三朵花，莫知姓名，人因以“三朵花”名之，能作诗，有神仙意。[2]

注释

〔1〕房州：地名，今湖北省房县。

〔2〕出处：宋邓椿《画继》。

译文

房州有个奇人，经常戴着三朵花，人们不知道他的姓名，就用“三朵花”来称呼他，他善于写诗，有神仙一般的风致。

江参，字贯道，江南人，形貌清臞[1]，嗜香茶，以为生。[2]

注释

〔1〕臞（qú）：瘦。

〔2〕出处：宋邓椿《画继》。

译文

江参，字贯道，是江南人，容貌比较清瘦，他爱好香茶，把茶看得像生命一样重要。

宜春守虞杲[1]，郡斋植菖蒲五槛，次子梦髯翁[2]，自号“昌九”，言愿赐保养。[3]

注释

〔1〕虞杲（gǎo）：宜春郡（治所在今江西省宜春市袁州区）的太守，生平不详。

〔2〕髯（rán）翁：髯，胡须，翁，老头，髯翁意为年老多须的人，这应该是菖蒲变化成的神灵。

〔3〕出处：宋陶谷《清异录》。

译文

宜春郡的太守虞杲，在官邸栽植了五槛菖蒲，他的二儿子梦见了一个长胡子老头，自称“昌九”，说愿意赐予他们保护和健康。

解宾王[1]作利漕[2]将代还[3]，凡有行衙所在，竹皆伐卖之，时人呼为“解子猷[4]”。[5]

注释

〔1〕解宾王：字伯京，宋仁宗年间进士，曾任太常少卿、太子宾客、工部侍郎等职。

〔2〕利漕：官职名，主管漕运，漕运是指古代政府通过水道运输粮食。

〔3〕代还：古时指京官外放后重新回到京城做官。

〔4〕子猷（yóu）：东晋名士王徽之（书圣王羲之的儿子）的字，他爱竹成癖，曾说自己的住处一天都不能没有竹子。

〔5〕出处：明陈耀文《天中记》卷五三引《杂志》。

译文

解宾王去地方上任漕运官即将返回京城，他回京的途中凡是路过有竹子的馆驿、衙门，都要把那些竹子砍伐卖掉，当时的人都管他叫“解子猷”。

赣妓朱云楚子卿，警慧知书。赵时逢[1]遯可为守，尝会客，果实有炮栗[2]，赵指之曰：“栗绽缝黄见。”坐客属对皆莫能。楚辄曰：“妾有对。”取席间藕片以进曰：“藕断露丝飞。”赵大奇之。[3]

注释

〔1〕赵时逢：字遯（dùn）可，开封人，宋高宗时官吏，曾任国史馆编修、大宗正丞、绍兴提刑官等职。

〔2〕炮栗：即炒栗子，为了保证栗子能熟透，常在炒制前用刀割破栗子皮，所以下文太守说炒栗子有缝隙绽开可以看到里面黄色的果肉。

〔3〕出处：未详。明冯梦龙《古今谭概》亦录。

译文

江西的妓女朱云楚，字子卿，聪慧机敏，知书达理。赵时逢（字遯可）在江西任太守，曾经有一次宴请宾客，呈上来的食物中有炒栗子，赵时逢就指着栗子说了个上联：“栗绽缝黄见。”当时在座的客人都不能对出下联。朱云楚就说：“我能对上。”她拿来酒席上的藕片献给赵太守，说：“藕断露丝飞。”赵时逢对她的才思感到非常惊讶。

鄜延[1]长吏[2]，有大竹凌云，可三尺围，伐剖之，见内有二仙翁相对，云："平生深根劲节，惜为主人所伐。"言毕乘云而去。[3]

注释

〔1〕鄜（fū）延：宋代路名，治所在今陕西省延安市。宋代的"路"相当于现在省一级的行政区划。

〔2〕长吏：古时称地位较高的官员或县级官吏为长吏。

〔3〕出处：宋陆佃（diàn）《增修埤（pí）雅广要》卷三四。

译文

鄜延地区的一个官吏有一棵高耸入云的大竹子，粗约三尺，他把竹子砍伐剖开，看到里面有两位仙翁相对而坐，说："我们这一生，根长得很深，节长得很大，可惜被主人你砍伐了。"说完腾云驾雾而去。

有人常食蔬茹，忽食羊肉，梦五脏神曰："羊踏破菜园矣。"[1]

注释

〔1〕出处：宋叶廷珪《海录碎事》卷六引陆云《笑林》。

译文

有个人经常吃蔬菜，有一回偶尔吃了羊肉，就梦见五脏神对他说："羊把菜园子踩坏啦。"